RENJI JIEMIAN
ZONGHE PINGJIA JI RUANJIAN KAIFA

人机界面
综合评价及软件开发

夏春艳 著

化学工业出版社
·北京·

内 容 提 要

本书以人机界面评价研究为背景，分析了人机界面评价研究的必要性，回顾了国内外人机界面评价研究的现状，论述了人机界面评价理论及方法。以工效学标准为基础，构建了核电厂主控室人机界面评价指标体系，开发了人机界面评价软件。主要内容包括人机界面评价指标筛选方法的分析与构建、人机界面评价指标体系的构建、人机界面评价指标权重分配方法的研究、人机界面不确定信息评价模型的建立、综合评价软件的开发与应用。

本书适合于从事人机界面设计与评价的科研人员和大专院校学生使用。

图书在版编目（CIP）数据

人机界面综合评价及软件开发/夏春艳著. —北京：化学工业出版社，2020.6
ISBN 978-7-122-36623-8

Ⅰ.①人… Ⅱ.①夏… Ⅲ.①人机界面-综合评价②人机界面-软件开发 Ⅳ.①TP11②TP311.52

中国版本图书馆 CIP 数据核字（2020）第 068629 号

责任编辑：张兴辉 毛振威　　文字编辑：林 丹
责任校对：王鹏飞　　装帧设计：韩 飞

出版发行：化学工业出版社（北京市东城区青年湖南街 13 号 邮政编码 100011）
印　　装：北京建宏印刷有限公司
710mm×1000mm 1/16 印张 10¾ 字数 184 千字 2020 年 7 月北京第 1 版第 1 次印刷

购书咨询：010-64518888　　售后服务：010-64518899
网　　址：http://www.cip.com.cn
凡购买本书，如有缺损质量问题，本社销售中心负责调换。

定　　价：89.00 元

前言

人机界面是指在人-机-环境系统中，人、机、环境之间交互作用的区域，完成人与机之间的信息交流和控制活动，是人与计算机（机器）之间进行信息传递和交换的通道，良好的人机界面设计对减少人因失误、保障系统的安全运行具有十分重要的作用。人机界面评价是保障人机界面设计质量的重要手段，科学、适用的人机界面评价理论和方法是正确评价的前提和基础，因此，建立和完善人机界面评价理论和相关技术，为减少和避免因人机界面设计不合理而导致的事故提供了技术保障，有助于提高系统运行的安全性与可靠性，具有重要的理论和现实意义。

本书共分为6章：第1章绪论，主要介绍人机界面的概念、评价原则及方法，同时，分析人机界面评价研究的必要性及国内外的研究现状；第2章评价指标筛选方法的分析与构建，主要介绍评价指标筛选的原则及方法，给出了基于多因子综合算法的评价指标筛选方法；第3章人机界面评价指标体系的构建，介绍了人机界面评价指标的要求及评价准则，以核电厂主控室为例分析了相关标准及评价因素，构建了其评价指标体系；第4章人机界面评价指标权重分配方法的研究，分析了层次分析法确定人机界面评价指标权重存在的问题，给出了基于信度系数的指标权重分配方法和基于灰关联层次分析的多指标权重分配方法；第5章人机界面不确定信息评价模型的建立，介绍了区间灰数的概念，给出了基于灰区间相近度的不确定信息多方案评价模型和基于灰区间聚类算法的不确定信息多层次评价模型；第6章综合评价软件的开发与应用，开发了人机界面综合评价软件，给出了核电厂主控室人机界面评价的典型实例。

在本书撰写过程中，作者参考了国内外专家和学者的一些论著，吸收了同行们的研究成果，从中得到了很多的教益和启发。在此，谨向这些专家和学者致以诚挚的谢意！

由于作者水平有限，书中不足之处在所难免，敬请各位专家和广大读者批评指正。

著者

前言

[illegible]

目 录

第 1 章 绪论

1.1 人机界面评价概述

1.1.1 人机界面的定义及发展

人机界面是指在人-机-环境系统中，人、机、环境之间交互作用的区域，完成人与机之间的信息交流和控制活动。

人机界面包括狭义的人机界面和广义的人机界面。狭义的人机界面（human-computer interface，HCI）是针对计算机而言的，是人与计算机之间交互作用的区域，由人、计算机硬件、计算机软件三个部分构成，通过人机界面，人接收来自计算机的信息，经过大脑的处理后，向计算机输入数据和命令等信息，计算机将接收到的信息处理后又反馈给人，实现人与计算机之间的信息传递和交换，如图 1.1 所示。从广义的角度而言，人机界面已由仅仅针对计算机的人机界面，逐渐推广至机械制造、产品设计、工程心理学、工业设计、人机与环境工程、安全工程、自动化工程、航空航天工程、交通运输、武器装备等各种领域。广义的人机界面（human-machine interface，HMI）是人与机器之间在具体的工作环境中进行信息交换的通道，是操纵人员与机器之间交互作用的区域，通过人机界面系统，人利用感觉系统感知来自机器显示装置的信息，信息经人的判断后，人发出相应的指令操纵相应的操纵装置，如图 1.2 所示。广义的人机界面来自不同的学科、领域，同时又作用于不同的工作环境中。

进入工业社会以后，为追求利润，提高生产效率，人们一直坚持“以机器为本”的设计思想，满足人适应机器的要求，导致出现严重的劳资对抗、大量的工伤事故和职业病。1959 年美国学者 B. Shackel 从减轻人的疲劳出发，发表了被认为是基于人机工程学角度的人机界面设计的第一篇论文。20 世纪

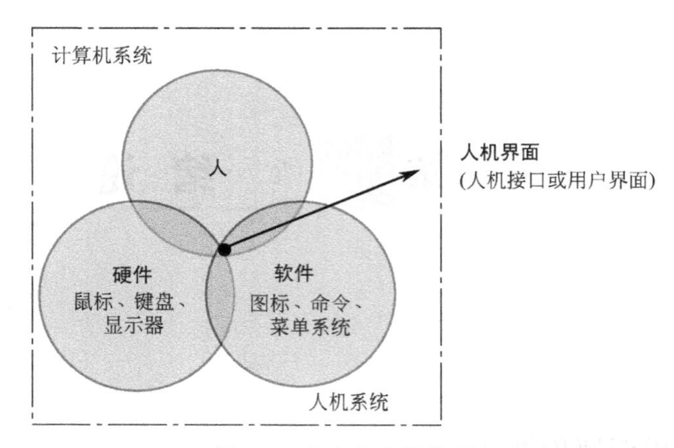

图 1.1　狭义的人机界面

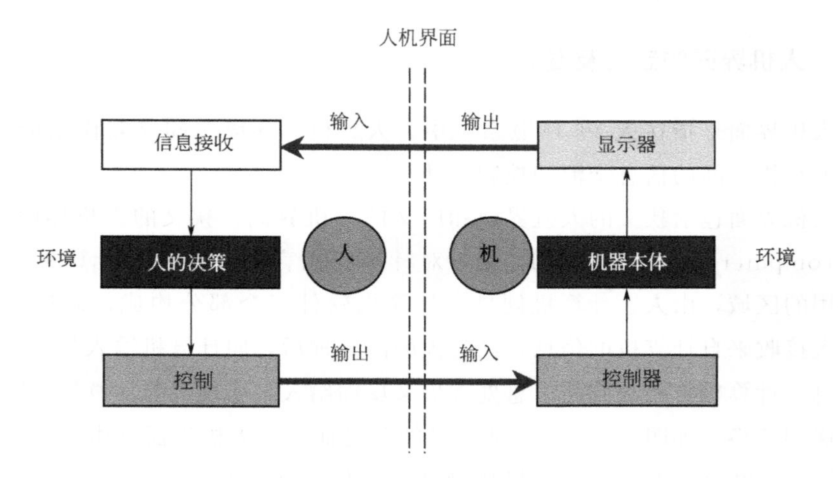

图 1.2　广义的人机界面

60 年代在机械的人机系统中出现了"人机界面"(human-machine interface)概念。80 年代，提出了"以人为本"的设计思想，以机器适应人的设计理念逐渐被认同，人机界面的设计和评价更多地考虑人的因素，使机器适应人的生理和心理特征。良好的人机界面有利于保证不同作业中人、机器和环境三者间的协调关系。

1.1.2　人机界面评价的过程和原则

在日常生活的方方面面，评价是我们经常面临的问题。所谓评价，就是针

对明确的评价目的，依据一定的评判标准，将其表述为可定量或定性描述的行为过程。人机界面评价是指利用合适的评价方法和评判标准，对构成人机界面的显示、控制系统按其性能、功能、可用性等进行评估、分析、比较、判断，以确定人机界面系统目标的实现程度，进行全面的评价，寻求最优的方案，以改进和完善人机界面的设计。

完成人机界面评价要做好以下工作：第一，要明确“为什么评”的问题，清楚评价的目的、通过评价要揭示什么问题；第二，要明确“评什么”的问题，要知道评价的具体对象，分析评价对象的特点；第三，要明确“怎么评”的问题，涉及评价形式、评价指标体系、评价方法等。首先要确定采用的评价形式是定性评价还是定量评价，然后通过比较和筛选构建影响评价对象的评价指标体系，最后利用合适的评价方法，建立相应的数学模型完成评价。针对某一具体的人机界面评价问题，评价的过程如图 1.3 所示。

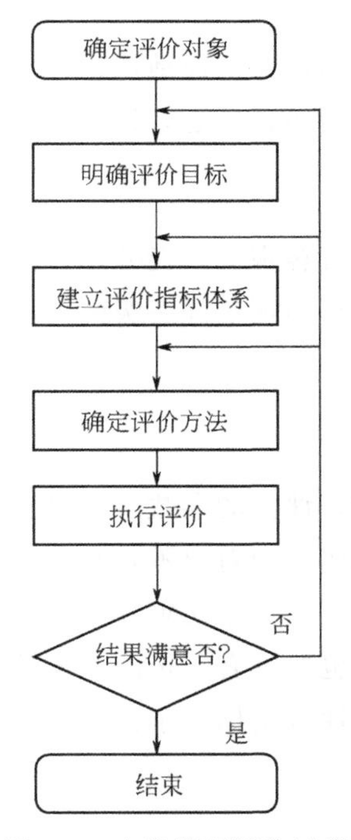

图 1.3　人机界面评价过程

人机界面评价有助于保证人、机、环境系统的协调关系，提高人机界面的可用程度。人机界面评价可以分为两类：一类为对现有的工业产品的人机系统进行评价，主要是使有关人员了解现有产品的优缺点和存在的问题，为今后改进产品设计提供依据和积累资料；另一类为对人机系统规划和设计阶段的评价，主要是在规划和设计阶段预测到系统可能占有的优势和存在的不足，并及时改进。人机界面综合评价应遵循以下原则。

(1) 评价目的的明确性

人机界面评价要有明确的评价目的或意图，不仅要满足功能性，更应满足可用性，从不同的评价角度进行评价，评价结果会截然不同。

(2) 评价形式的相对性

人机界面评价包括定性评价和定量评价，无论哪种评价形式均具有相对性。例如，同一个人机界面，当使用对象不同时，其评价标准是动态变化的，评价的结果便会不同。

(3) 评价因素的综合性

影响人机界面的因素较多，要全面地认识人机界面评价对象，所选取的评价因素必须能反映评价对象的多种信息，评价必须是多因素、多指标的。

(4) 评价方法的可行性

所选取的评价方法应具有客观性，能处理多因素、多指标的信息，防止主观因素的影响，适用于人机界面评价同一级的各种系统，具有转化为统一信息的功能。

(5) 评价参数的可比性

在人机界面评价过程中，评价的参数必须具有可比性。首先，评价对象必须是同类属性的对象，不同属性的对象不具有可比性；其次，评价数据也要具有可比性，同一级评价因素下的数据必须具有一致性，必要时需要进行归一化处理；最后，评价因素之间也要具有一定的差异性，完全没有差异性的评价因素可以合并，否则只会使得评价指标过于冗余，对评价结果无意义。

(6) 评价的协调性

评价目的、评价形式、评价因素、评价方法应具有一定的协调性、一致性。不同的评价目的需要采用不同的评价形式，构建不同的评价指标体系，运用不同的评价方法，得到不同的评价结果。只有上述评价环节协调一致时，才能保证整个人机界面评价结果的合理性。

1.1.3 人机界面评价方法

人机界面评价可以在工作设备使用前及时发现人机界面设计过程中存在的问题，避免和减少因人机界面设计不合理而引发的诸多事故。人机界面评价涉及人体科学、环境科学、工业设计、系统工程、机械工程等很多学科的研究方法。常用的人机界面评价方法可以归纳为以下几个方面。

（1）观察法

观察法是指在某一特定时间内或特定事件发生时，对被观察者自然表现的行为、动作、姿势、位置、语言等进行观察和记录，然后对记录的结果进行分析。为了研究人机系统中人和机的工作状态，常采用各种各样的观察法。如主控室操纵员在操纵控制台过程中利用摄像法进行监控和观测，记录其行为过程，然后进行分析评价。观察法得到的记录结果为计算模型的建立提供了可靠的依据。但观察得到的结论一般是描述性的，很难评估事件之间的关系，有时会受主观因素的影响。

观察法与其他评价方法的不同在于要求评价人员观察操纵员在被评价系统上的操作情况。可以用简单的图示模型对系统进行描述，但其中必须包括功能硬件或全部操作硬件的模型。关系到决定能否用观察法解决问题的主要因素是观察环境，这个因素也关系到此法的成本和应用难易。对核电厂可以考虑以下三种观察环境：

① 模型；

② 全范围模拟器；

③ 实际环境。

（2）测量法

在人机系统中，需要借助各种仪器设备测量操纵者的人体尺寸、人的生理及心理参数、机械设备尺寸和环境数据等。如通过测量人体参数评估人机界面布局，测量环境参数完成人机系统的环境设计与评价，利用脑电仪测量人观察事物时脑电波的变化情况，通过不同情况下的脑电波变化分析人的注意力和脑负荷等，从而发现人的心理活动及其变化规律。这些都是通过测量来获得各种参数或数据，从而完成人机环境系统的评估。

（3）实验法

实验法是针对明确的研究内容、任务与目标，通过人机组合或人机与环境系统组合，用实验的方法给出研究结果。例如，为了获得人对各种不同显示仪表的认读速度和差错率，可以采用实验法进行。实验法是科学研究中应用最广而且成效最好的方法。实验法的基本原则是：在其他变量 C 被妥善控制的情况下，实验者系统地改变某一变量 A，然后观察 A 的系统变化对另一个变量 B 的影响。变量 A 被称为自变量（实验变量），变量 B 被称为因变量，变量 C 被称为控制变量，如图 1.4 所示。

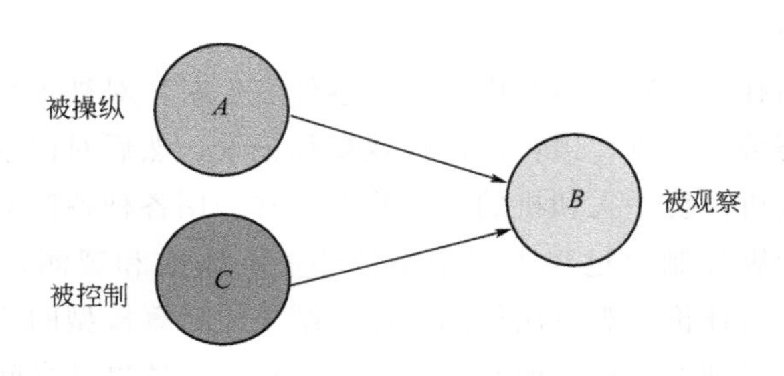

图 1.4　实验法

所有的实验法都可以用于在实验室中对所提供的各种人机系统设计统计测量其显著差别。实验法的特点在于要求对引起特性变化的所有外来事件进行严格控制。因此通常需要在相当大的范围内十分协调地组织操纵员的活动，还需要好的控制设备和适应的数据记录手段。

实验法可用来评估一致性、可理解性和有效性。此法在设计和运行试验阶段使用最方便，也可用于真实设备的运行和瞬间过程。实验法使用困难且成本很高，因此此法要求减少引起特性变化的外来事件，而且任务复杂又有实时性要求，所以它的表面有效性一般说来较低。此法对于可测的特性非常灵敏。预计有效性可能很高，但取决于实验室中未考虑到的因素对特性影响的大小。实验法虽然精确，但只能观察几个不连续水平上的变量。实验法的结果通常是定量的，能明确表明操作员的效能对不同系统是否有差异。

图 1.5 所示为某公司开展的座舱人机环境综合试验，主要研究热环境、噪声、振动等因素对座舱舒适性的影响。座舱环境模拟测试设备是长 17m 的 A300 前机身部分，包括驾驶舱、客舱和两个厨房，主舱可容纳超过 40 个受试者进行试验。模拟飞机从起飞到降落的全过程，飞行时间为 3.5h，测试不同座舱温度、湿度、噪声和振动情况下乘员的动态响应。采用实验法进行科学研究的最大优势是，实验所表达的是一种自变量与因变量之间的因果关系，而因

果关系的系统，可以清楚地描述、解释和预测各种现象，并且获得支持或反对某一理论的事实证据。这是观察法所不能达到的。

图 1.5 座舱人机环境综合试验

(4) 模拟器或模型试验法

模拟器或模型试验法已广泛用于汽车或飞机驾驶舱人机界面的设计和评价中。在人机与环境系统设计研制阶段，通过这类模拟方法可以对某些操作系统进行逼真的实验，得到从实验室研究外推所需的更符合实际的数据，便于充分发现问题，节省设计费用。图 1.6 所示为 Boeing 747 工程模拟器，通过仿真飞行来研究飞行员在多任务情况下的人机工效，并对座舱布局或系统设计提出改善意见。

(5) 计算机仿真法

数值仿真是通过对人机系统的数学建模，在计算机上利用系统的数学模型进行仿真实验的研究。研究者可对尚处于设计阶段的系统进行仿真，并对系统中的人-机-环境三要素的功能特点及其相互间的协调性进行分析，从而预知所设计产品的性能，并进行改进设计。人机系统中人的模型和机器的模型要分别采用不同的数学方法构建人机模型后再将其集成来综合考虑人机工效。以飞机座舱布局为例，驾驶舱模型包括座舱、座椅、操纵控制装置和仪表板等，通常

图 1.6　Boeing 747 工程模拟器

利用三维建模软件构建其三维模型，而且人体模型还要通过引入运动学方程、动力学方程及有关的生物力学方程反映人的运动特性和生理特性等，然后进行系统仿真。图 1.7 所示是采用计算机仿真法分析航天员从返回舱出舱和人机显示界面布局的匹配性分析。

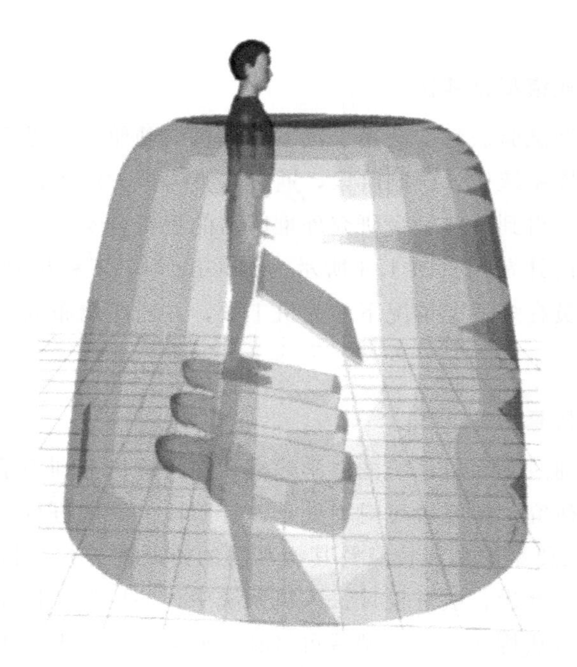

图 1.7　航天员出舱和人机显示界面布局的匹配性分析

计算机仿真法在一些地面环境条件无法再现或危险作业的分析中作用巨大，例如太空失重环境下的航天员舱外活动仿真，车辆碰撞或弹射救生过程中人体颈椎或腰椎受力分析。采用计算机仿真法能大大缩短人机系统的设计周期，节省设计费用。

(6) 分析法

分析法是对人机系统已获得的资料和数据采用统计学方法或其他方法进行整理、归类以得出科学的结论或客观的评价。常用的分析法有如下几种。

① 瞬间操作分析法。

生产过程一般是连续的，人和机器之间的信息传递也是连续的。也有少数机器设备运转是循环式的，因而人与机器间的信息传递也是循环式的。为了便于分析这种连续的或循环式的信息，可采用间歇性或单个循环的分析测定法，即应用数理统计的随机采样法对操作者和机器之间在每一间隔时刻或一个循环中的信息进行测定或录像，再用统计推理的方法加以整理而得出结论或信息资料。

② 知觉与运动信息分析法。

人体接收和处理信息的过程是：首先由感觉器官传至神经中枢，经大脑处理后，产生反应信号再传递给肢体以对机器进行操作，被操作的机器状态又将信息反馈给操作者，形成一个反馈系统。这种方法就是对此反馈系统进行测定分析，分析系统的信息显示、传递是否便于操作者观察和接收，操纵装置是否便于区别和操作。

③ 作业负荷分析法。

在规定操作所必需的最少时间间隔的条件下，对作业的总负荷进行分析，考查作业的强度，感知系统的信息接收通道与容量的分配是否合理，操作装置的阻力是否满足人的生理特性，作业内容是否有伤害操作者的健康和安全的因素。

④ 频率分析法。

对人机系统中的机械系统有关部分动作频率和操作者的操作动作频率（操作速率、持续时间）进行测定分析，所获得的数据可作为调整操作者负荷的依据，使操作者不长时间持续紧张地作业，维护操作者的健康和安全。

⑤ 危象分析法。

分析事故或隐患的危险性有助于识别和预防事故的发生。在一个系统中，找出各个单元、元件之间的界面和交叉部位配合不当或不相容的情况，分析它们在各种操作条件下会产生的危险性、事故模式、起因物、致害物、伤害方式，为系统安全运行提供资料，界面不限于人机或机器之间，也可以是机器内部。

⑥ 相关分析法。

相关分析法是研究两个或两个以上处于同等地位的随机变量间的相关关系的统计分析方法。相关分析法的基本原则是：在尽可能自然的状态下，确定两个以上的变量之间的统计关系。利用变量之间的统计关系可以对变量进行描述和预测，或者从中找出合乎规律的东西。统计学的发展和计算机的应用，使相关分析法成为人机工程学研究的一种常用方法。

⑦ 检查表法。

国际人机工程学会（International Ergonomics Association，IEA）为了对构成作业的各种因素、劳动者的能力以及作业对人的生理和心理反应等进行检查，提出了人机学分析检查表。内容包括：作业空间、作业方法、环境、作业组织、机能负担和综合负担、系统效率等。其中一般项目共 135 项，特殊、细节项目共 188 项。

许多国家根据国际人机工程学会的方案，制定了自己的人机学分析检查表。从人机学分析检查表可以发现工厂的人-机-环境系统中存在的问题，以掌握需要改进的内容及其要点。

检查表法可用来评价一致性问题，也可在较小程度上评价与可理解性有关的问题，但不能用来评价有效性。因此，检查表法在设计阶段更适用，但在调试或运行阶段也可用来以验证的方式评价系统。此法很容易使用，表面有效性很高，对系统一些特别容易测量的特性非常灵敏，如高度、颜色等。使用检查表法成本低，给出的结果趋于分门别类（即每项设计特性是否符合核查表中所列的标准）。检查表的预计有效性取决于表中所列的项目和标准是否体现了所评价系统的性能要求。

⑧ 海洛德分析法。

海洛德分析法是人的失误与可靠性分析法，它通过计算系统的可靠性，分析评价仪表、控制器的配置和安装位置是否适合于人的操作。通常先求出人执行任务时的成败概率，而后对系统进行评价。

⑨ 系统分析评价法。

系统分析评价法是将人-机-环境系统作为一个综合系统来分析评价。在明确系统总体要求的前提下，通过确立若干候选方案，相应地建立有关模型和模拟试验，着重分析研究三大要素对系统总体性能的影响和所应具备的各自功能

及相互关系，并用系统工程的理论和方法，不断修正和完善系统的结构形式，以期达到最优组合。常用的系统分析评价方法有专家评价法、运筹学法、模糊数学法、灰色系统分析法等。

（7）专家意见法

专家意见法是向被评价系统有关领域的专家和部门征求意见。可以采用简单的口头访问、问卷调查，直至精细的评分以及心理和生理学分析判断和间接性意见、档案与建议分析等。方法是一致的，都力图不给专家的判断强加限制，并经多次重复得到一致的评价结论。常用的专家意见法有如下几种。

① 表格法（Delphi 法）。

表格法是征集专家意见评估人机系统的设计特性是否适度的方法。这种方法规定一个标度用来衡量人机系统设计性能有关的所有特性，例如差错概率、信息显示的易读性和易理解性等。此法用调查表或问题表征集意见，专家们从自己的角度进行判断并填写，分析人员收集并整理出结果，然后进行第二轮调查或征询，再对已收到的意见或说明进行细化。第二轮调查不指明提出意见的人。将这种过程继续下去，直到获得一致。

此法特别适用于尚无设备的设计阶段。此法对系统在尚未出现工况下的特性也很有效。因为有更多的经验方法可用来评价一致性和可理解性，所以表格法显然是针对有效性的。此法的结果是定性的和不精确的，预计有效性取决于评价人员的素质和经验，也不是很高，表面有效性取决于对意见的理解，对微小的设计差别不灵敏，但使用成本低。由于主要分析人员必须在每一轮循环中对各种数据进行提炼、整理和再分析，故此法的难度适中。

② 讨论法。

此法与比较法很类似，也是由各方面的专家根据一个或多个统一的标准评价人机系统与设计性能有关的特性。此法与表格法的最大不同是在面对面的会议上通过对话获得一致意见，要采取专门措施防止这种一致性受个人的影响。

③ 成对比较法。

成对比较法主要是为每个评价人员给出一种特性的两种可能，判断何者更大、更亮或更可能发生等。这个过程继续下去直到有意义的配对都进行了比较，然后将判断结果进行比较再进行排序。判断的标准和尺度最后决定。成对比较法还有几种派生的方法，如三个一组比较和循环比较的方法。所有这些方法的准确性都取决于以一个统一的尺度比较事件或进行主观评估时评价人员判断的准确程度。

成对比较法受相对不精确性和定性数据的限制。成对比较法获得的数据比表格法和讨论法获得的数据更可靠和更稳定，但采用此法的成本相当高。

④ 比例估计法。

此法不要求做绝对数字的评估，也不根据相对尺度去比较两个事物，而是判断一个特性的属性值与整套规定标准中某项指标值的比例关系，只要求评价人员做比例估计，若所有项目都低于标准规定的指标，则这个过程称为分数化。由比例估计法产生的数据比由其他专家意见法得到的结果更量化。此法存在着和其他专家评估法同样的缺点，即有效性不真实、不够精确和对专家素质的依赖性。

1.2 研究背景

1.2.1 人机界面评价研究的必要性

人机界面是人与机器传递信息的媒介，良好的人机界面有利于保证不同作业中人、机器和环境三者间的协调关系。本书以核电厂为例阐述人机界面评价研究的必要性。核电厂主控室是对核电厂进行监视、控制和操纵的场所，是核电厂人机交互最集中、最密集的地方，有大量相互关联的控制装置和显示装置，是最容易发生人因失误的地方。因此，利用有效的方法对核电厂主控室人机界面评价进行全面、系统、深入地研究不容置疑。

自 20 世纪中期开始，世界各国相继利用核能发电，核电已经走过了半个世纪的发展历程。一直以来核电作为一种经济和清洁的能源，已被很多能源紧缺的国家作为解决能源问题的主要手段，核电已成为世界电力来源的主要途径，在能源保障和环境保护中起到了重要的作用。

然而核电在为人类解决能源问题的同时，也给人们的安全带来了致命的威胁，具有极大的风险性，造成了巨大的社会和经济损失。例如，1979 年 3 月 28 日，美国宾夕法尼亚州的三哩岛核电站发生核电事故，导致大量的放射性物质溢出，造成 20 多万人流离失所、无家可归。1986 年 4 月 26 日，苏联切尔诺贝利核电站因放射性物质泄漏而发生大爆炸，造成 30 多人当场死亡，其辐射性物质迅速扩散至西欧等地，导致近万人死于因辐射而引发的各类疾病，对环境造成了极大的破坏，事故引发的负面影响至今仍然存在。2004 年 8 月 9 日，日本美滨核电站因蒸汽泄漏而引发核电事故，结果导致 4 人死亡，7 人受伤，造成了一定的财产损失和社会影响。2005 年 5 月，英国最大的核电

站——塞拉菲尔德核电站因设备老化和人员疏忽引发了英国近年来最为严重的核燃料泄漏事件，从而导致电厂被迫关闭。这些血的教训引起了社会各界对核安全问题的高度重视，使核电发展面临着诸多有待研究和解决的问题。

国内外大量的统计数据均表明，人因失误已成为诱发核电事故的主要根源之一。几次重大的核电事故发生后，世界各国核电营运单位之间为了加强彼此的交流合作，确保核电站的安全运行，借鉴彼此的经验教训，于1989年5月成立了世界核电运营者协会（WANO）。世界核电运营者协会提供的共享数据为各国学者分析核电事故原因提供了宝贵的资料。文献［3］根据WANO提供的数据资料，分析比较了1993—2002年间的世界核电站运行事件分析报告，根据运行事件分析报告提供的事故原因，统计了基于人因因素引发的事故数目。表1.1为文献［3］根据WANO提供的数据统计的1993—2002年世界核电站运行事件和人因事件的数目。

表1.1 1993—2002年世界核电站运行事件和人因事件统计表

年份	1993	1994	1995	1996	1997	1998	1999	2000	2001	2002	合计
运行事件数目	120	120	114	92	95	94	106	71	60	68	940
人因事件数目	78	73	71	51	58	49	67	39	36	29	551
人因事件占运行事件百分比	65%	61%	62%	55%	61%	52%	63%	55%	60%	43%	59%

根据这些统计数字，1993—2002年世界核电站运行事件总数和人因事件数的变化趋势如图1.8所示。图1.9则显示了1993—2002年世界核电站人因事件数占运行事件总数百分比的变化趋势。

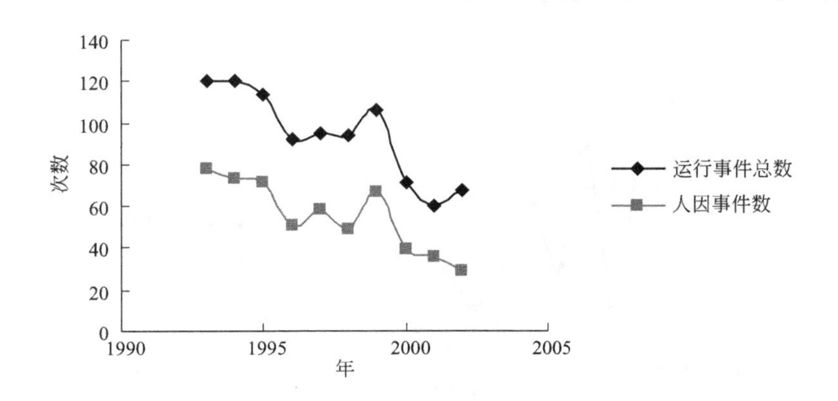

图1.8 1993—2002年世界核电站运行事件总数和人因事件数变化趋势

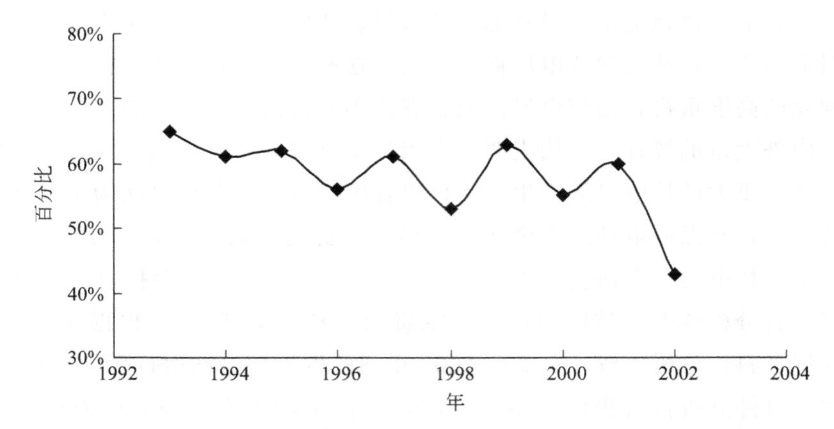

图 1.9　1993—2002 年世界核电站人因事件数占运行事件总数百分比的变化趋势

从以上曲线的变化趋势可以看出，世界核电运行事故总数和人因事件总数随着时间的推移都呈现出下降的趋势，但人因事件数占运行事件总数的百分比基本没变，始终保持在 60%左右，占据了较大的比例。同时，文献［4］还统计了国内某核电厂 1992—2001 年运行事件情况，具体数据见表 1.2，相应的核电运行事件和人因事件的变化趋势见图 1.10 和图 1.11。

表 1.2　国内某核电厂 1992—2001 年运行事件统计表

年份	1992	1993	1994	1995	1996	1997	1998	1999	2000	2001	合计
运行事件数目	13	12	3	11	5	8	5	3	5	2	67
人因事件数目	12	12	2	9	3	3	2	2	1	1	47
人因事件占运行事件百分比	92%	100%	67%	82%	60%	38%	40%	67%	20%	50%	70%

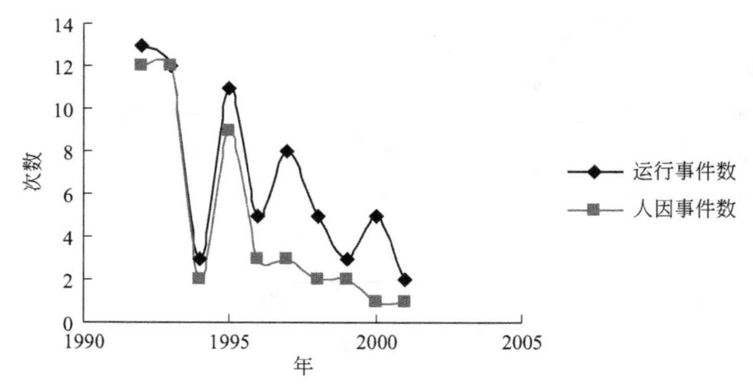

图 1.10　国内某核电厂 1992—2001 年运行事件和人因事件变化趋势

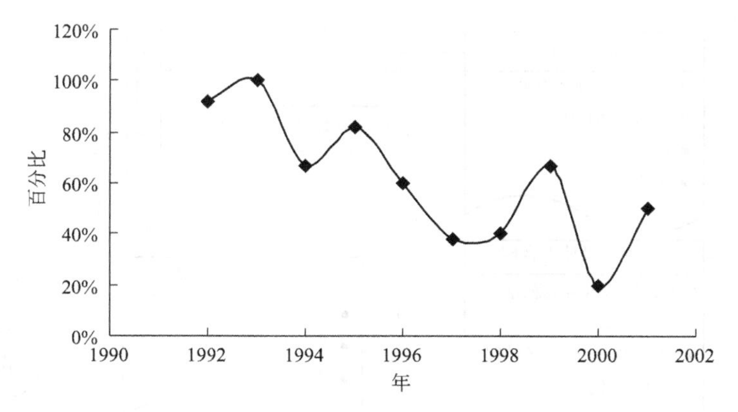

图 1.11 国内某核电厂 1992—2001 年人因事件占运行事件百分比的变化趋势

从国内该核电站 1992—2001 年运行事件和人因事件的统计数字及变化趋势可以看出，近几年来国内该核电站核电运行事件和人因事件的绝对数量也都呈现出逐年下降的趋势，但国内该核电站人因事件数占运行事件总数百分比的下降趋势却并不明显，基本维持在 50%～60%波动，所占比例也不容忽视。

另有记载，在 2003～2005 年间，国内核电站累计发生 432 起事件，其中 218 起为人因事件，约占事件总数的 50%。

以上国内外统计数据均表明：随着核电技术的发展、运行设备的更新和技术的改进，核电系统运行的可靠性和安全性不断提高，由此而引发的核电事故呈逐年下降趋势，从而使核电运行事件总数在不断下降；另外伴随着人因观念和安全意识的增强，核电站人机界面设计更多地考虑人的因素，使得界面的设计不断优化，从而减少了由于人因失误而导致或诱发的事故，使得人因事件总数也在逐年减少。然而，人因事件在整个运行事件中所占的比例基本没有减小，仍可达到 50%。近几年来，世界各国核电事故的发生也此起彼伏，究其原因大多也可归结为人因失误。可见，研究如何减少和避免人因失误的发生显得尤为突出和紧迫。

然而要减少和防止由人因失误而引发的核电事故，只有找出导致人因失误的根本原因，从根源入手才能解决本质问题。图 1.12 为文献 [8] 提出的人因事故致因模型。

从图中可以清楚地看出，导致人因失误的根源取决于三个方面：①人机功

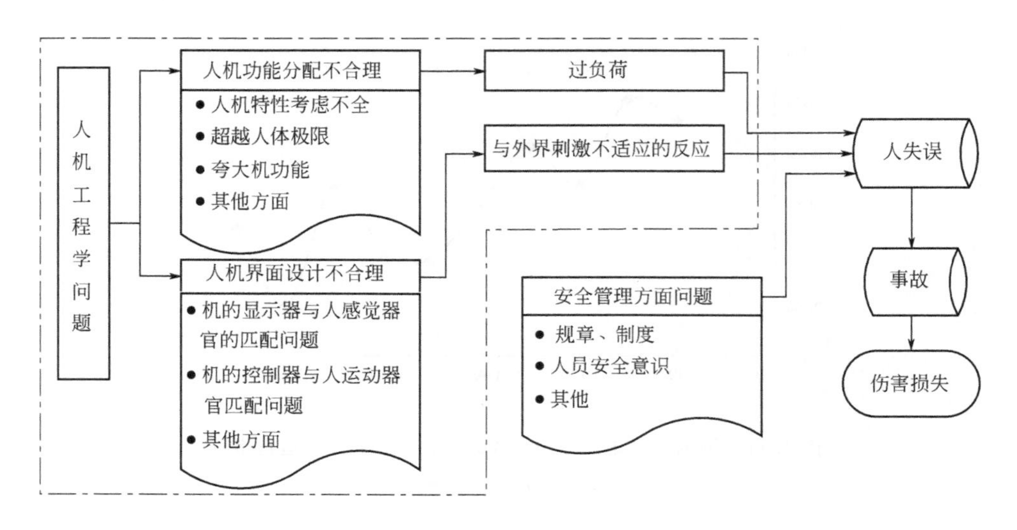

图 1.12　人因事故致因模型

能分配不合理；②人机界面设计不合理；③安全管理方面问题。可见，合理的人机界面设计是防止和减少人因失误的有效方式之一，而人机界面评价是保障和监督人机界面设计质量的有效手段。因此，有必要进行人机界面评价研究。

核电厂主控室是对核电厂进行监视、控制和操纵的场所，是核电厂人机交互最集中、最密集的地方，有大量相互关联的控制装置和显示装置，是最容易发生人因失误的地方。因此，利用有效的方法对核电厂主控室人机界面评价进行全面、系统、深入的研究不容置疑。

1.2.2　人机界面评价理论研究的必要性

评价就是人们对评价目标或对象的质量和性能好坏进行判断比较的一种认知过程，人们根据预定的评价目标或对象，依据相关的评判标准，通过一定的数学模型，将多个评价因素或指标的信息转化为能反映评价目标或对象总体特征的信息，从而得到最终的评价结果，达到对事物进行认识的目的。近年来，评价已经成为指导产品设计或方案选择的重要工具。然而，要进行正确的评价，必须有一套科学的评价指标体系和评价理论方法作为基础，并遵守一定的标准和准则。科学、适用的评价理论及方法是评价的必要条件，它为人们做出正确的判断提供了科学的依据。

人机界面评价就是将影响人机界面的所有组成因素按照一定的分类方式分

类后，分别与相应的标准及准则进行比较，对其做出评价。人机界面评价是监督人机界面设计质量、提高人机界面安全可靠性、改进人机界面舒适性、指导人机界面设计的必要环节，也是创造社会和经济效益、提高生产效率的重要保障。由于人机界面自身具有很强的综合性、系统性、复杂性、多样性等特点，因此人机界面评价不同于其他的产品设计评价，具有一些自身的独特之处，主要表现在以下几个方面。

(1) 多属性

人机界面评价中往往受多个评价指标的影响，既包含定性指标又包含定量指标，各个评价指标具有不同的度量标准，很难直接进行比较，而且各指标之间有时具有矛盾性、相关性，评价过程要充分体现指标间相互依赖、相互矛盾的关系，多指标之间错综复杂的关系增加了人机界面评价的难度。

(2) 多层次

人机界面评价问题的影响因素众多，各影响因素之间通常具有一定的层次关系，从而构成了人机界面评价指标体系的层次结构，不同的层次之间具有较强的关联性、隶属性、制约性和相对性。

(3) 不确定性

人机界面评价会受各种偶然因素的影响，各种因素间因果关系错综复杂，加之人类认识水平的局限性、思辨方式的不一致性，导致评价过程呈现出不同程度的模糊性、不确定性等特点，许多指标的信息往往不完全和不确定，很难用精确的数值来描述，人机界面评价时常表现为对不确定信息的处理和描述。

(4) 复杂性

人机界面评价系统是由众多评价因素构成的复杂大系统，系统内部的各因素关系错综复杂，在许多情况下已不再只依据某个单一的标准和准则作出比较和判断，而不得不均衡考虑多种相互矛盾、相互制约的因素或指标，使得人机界面评价问题呈现出高度的复杂特性。

可见，人机界面评价不同于一般的产品评价，具有极强的综合性、系统性、复杂性和艰巨性，在本质上可归结为具有多层次、多属性、不确定信息的复杂系统评价问题。目前，针对此类问题的研究还很不成熟，是各国学者一直探讨的问题。因此，综合运用各种评价理论和方法，从人机界面的自身特点出发，研究和完善人机界面评价理论是非常必要的。

1.3 人机界面研究的目的和意义

本书的研究目的旨在通过建立和完善人机界面评价理论和相关技术，针对核电厂主控室过程变量众多、自动化程度高的特点，从评价指标体系的建立、不确定信息系统评价理论的研究、属性权重的分配等几个方面提出适用的核电厂主控室人机界面评价方法，解决复杂系统人机界面的评价问题，为减少和避免因人机界面设计不合理而导致的人员和经济损失提供技术保障。

本书的研究成果将有助于核电厂主控制室人机界面的设计与评价体系的建立，不仅可以缩短核电厂主控制室人机界面的设计周期，减少设计费用，而且可以发展与完善人机界面评价的理论和方法，为核电厂主控制室人机界面的设计与评价提供理论和技术支持。同时其研究成果不仅有助于减少核电厂主控室人因失误的发生，保障核电厂运行的安全性和可靠性，而且对于解决复杂系统人机界面的综合评价问题具有重要的理论意义和实用价值。

1.4 国内外研究现状综述

1.4.1 人机界面评价方法研究现状综述

(1) 人机界面评价方法研究现状

早期的人机界面评价方法是采用二维或三维的物理人体模型来校核产品尺寸特性与人体尺度的相合性，美国 Ford 公司曾参照人体的尺寸数据，制作出了各关节可活动的二维人体模板，并用于车身布置的设计和评价中。

随着计算机技术的发展，国外的很多科研机构开发了一些数字化的三维人体模型，模型包括人体尺寸变量和自由度等，可直观地显示产品尺寸特性与人体尺度的匹配关系，实现在虚拟的环境下进行人机界面评价。例如，英国诺丁汉大学开发的 SAMMIE 人体模型包含 17 个关节点和 21 个节段，能进行工作范围测试、干涉检查、视域检测、姿态评估和平衡计算；德国开发的数字化人体模型 RAMSIS 能模拟人在坐姿和立姿情况下肢体和眼球的运动情况，分析肢体的运动范围和人的视野范围，实现在不同工况下的人机界面评价；最具代表性的数字化人体模型是 JACK 软件，包含关节转角范围、可视域、可达域等生理参数指标，能够进行人的可视性、手功能可达性等人机工程评估。这些

数字化的人体模型使设计者在产品开发过程的初期，在只有CAD数据的情况下就可以进行人机界面评价，从而减少在后期阶段进行修改的费用。

目前，国外最常见的人机界面评价方法是将数字化人体模型和计算机虚拟技术相结合，开发人机界面评价软件。Imtiyaz Shaikh等将JACK人体模型置于虚拟环境中，进行人机界面评价，收到了较好的效果。Ardey利用三维人体模型和虚拟人技术进行飞机驾驶舱的人机匹配性研究，实现了在虚拟环境下对飞机驾驶舱人机界面的评价。

我国从20世纪90年代初期开始进行人机界面评价方法研究，目前还处于起步阶段。着手进行这方面研究的主要有清华大学、北京航空航天大学、浙江大学、西北工业大学、中国农业大学等高等院校。内容涉及飞机驾驶舱、各类控制室、家电产品、机械系统等方面的人机界面评价方法研究。例如，张磊等为解决飞机驾驶舱的人机界面设计和评价问题，研制了一套飞机驾驶员工效评定实验台，该实验台能在虚拟的环境下进行飞机驾驶舱舱内空间的布局分析和评价、信息显示界面的评价、飞行员的心理和脑力负荷评价，为飞机驾驶舱的人机界面评价提供了新的方法；柴春雷等基于人机工程学的思想，针对家电产品设计，研究开发了人机界面设计和评价系统ZJUE1.0，该评价软件能够在虚拟的人机环境中，对人的舒适性、手功能可达性、姿态分析和静力学分析等人机工程学指标进行动态的分析与评价，为家电产品的人机界面设计提供了有益的参考和建议；罗仕鉴等在JACK2.0开发版上开发了一种新的计算机辅助人机工程设计评价系统，该系统能够对人的舒适性、身体受力状态进行分析以支持产品的开发和设计，实现了在虚拟环境下对工作空间的人机工程评价；林建基于匹配优度的概念研究并开发了机械系统人机界面评价的软件系统HMIE，该软件能够对包含通用元件的一般机械系统人机界面匹配程度进行分析和评价；陈晓明等开发了用于核电厂主控室人机界面评价的DIAS系统，该系统通过测量操纵员的水平和垂直移动距离、视线移动距离和操作时间等参数对人机界面的设计进行评价，并能给出主控室人机界面评价的定量分析结果，但该系统难以实现界面设计的实时修改。

(2) 人机界面评价方法研究现状分析

综上所述，人机界面的评价方法已由最初的实物校核过渡到利用计算机模拟技术进行评价。国内外多年来的研究经验表明，借助计算机技术，在虚拟的环境下对人机界面进行评价是一种非常有效的方法。但国内外现有的人机界面评价方法在核电厂主控室人机界面评价中的应用仍然存在一些不足和问题。

① 尽管借助已开发的数字化人体模型软件可方便地进行人的姿态舒适性、可视域及可达域的分析与评估，方法简单、快捷，为人机界面评价提供了有效的分析手段和方法，具有强大的设计和评价功能，然而，它们都是在自身的环境下建立的，与设计过程中使用的三维建模软件不在同一环境下，难以实现与三维建模软件的无缝集成，而且都是从人的可视域、可达域等方面给出定性的评价，并不能进行定量的分析，无法得到定量的评价结果，同时也不能进行主观评价，无法实现主、客观评价结果的集成，不能得到综合的评价结果。

② 国内外针对核电厂主控室进行人机界面评价方法研究得相对较少，现有的研究很难实现设计和评价的同步进行，同时大多的评价仅仅针对客观指标进行评价，难以实现主、客观评价结果的集成。

因此，根据核电厂主控室人机界面的特点，研究适合我国国情的核电厂主控室人机界面评价方法，建立实用的评价系统，需要进一步探索。

1.4.2 评价理论研究现状综述

评价问题在各种领域中广泛存在，科学的评价理论和方法是客观评价的依据和基础，因此，评价理论的研究具有广泛的意义。经过众多学者、专家的多年研究，评价的理论和方法得到了迅速的发展。目前，可用于评价的理论很多，常用的有模糊集合理论、灰色系统理论、人工神经网络等。

(1) 模糊集合理论

模糊集合理论借助隶属度来刻画元素对模糊集合的隶属程度，根据隶属程度的大小做出比较和判断，实现对模糊信息的定量描述和分析。国内外很多学者将其广泛运用于各种评价领域之中，并进行了深入的研究。Vanegas 等学者利用不同的评价方法，对包含模糊信息的工程设计问题进行评价研究，经过比较发现，模糊集合理论比较适合处理指标信息难以量化的模糊信息系统评价问题。Richei 和 Anil Mital 等学者将模糊集合理论应用于核电厂、汽车等领域的人因设计评价中，发现模糊集合理论应用于人因领域是可行的，可大大减小主观因素的影响，实现了模糊信息的定量描述。LI Ling-juan 和 SHEN Ling-tong 利用信息熵的方法对模糊评价方法进行改进，并用于网络安全的评价中，减小了主观因素的影响，得到了较客观的评价结果。周前祥等将模糊集合理论应用于载人航天器乘员舱内人机界面评价中。李银霞、郭北苑等也都将模糊理论应用于其他系统的人机界面评价中，实现了评价结果的量化。

可见，模糊集合理论对于解决含有模糊信息的问题是有效的，由于人机界面评价信息自身就带有很强的模糊性和不确定性，因此采用模糊理论予以评价在理论上是可行的，一些学者也已将其应用于人机界面评价中。但在模糊评判过程中评判矩阵的构造、隶属函数的确定等制约模糊评判结果准确程度的瓶颈问题一直没有很好地解决，因此限制了模糊集合理论在人机界面评价中的应用。

(2) 层次分析法

层次分析法是依据评价对象或目标的特征，利用定性分析的方法将评价指标体系按层次关系进行分解，通过分析和综合评判者所给出的评判信息，从而对方案作出判断和比较的一种定性和定量分析相结合的方法。正是由于评价过程中的评价信息通常具有层次性，一些学者将层次分析法用于许多评价领域中。Yeo 等分别利用层次分析法和一些常用的多属性决策方法对机械产品设计方案进行评价，经过比较发现，层次分析法对于解决具有层次关系的评价与决策问题较为有效。Ayag 和 Chan 等分别用模糊层次分析法对产品设计方案及工艺优选方案进行评价，实现了多层次模糊信息系统的评价。Jong Hyun Kim 利用层次分析法对核电厂的故障诊断系统进行了评价。丁文珂等根据人机界面评价的影响因素具有层次性的特点，将层次分析法用于人机界面的评价之中，通过对相关因素进行分析，建立了人机界面综合评价模型，研究结果表明利用层次分析法处理具有层次关系的人机界面评价问题是可行的，但构建准确的层次模型对于保证评价结果的正确性是至关重要的。

可见，层次分析法对于处理具有层次关系的系统评价问题具有独特的优势并得到了广泛的应用。然而，在评价过程中，评价指标体系层次结构的建立和判断矩阵的构造都会受到人为因素的影响，人的认知差异和个人喜好直接影响着评价结果的准确性，判断的失误和偏差即可能造成评价结果的失真。尤其是针对核电厂主控制室这种评价指标数目众多、因素间关系错综复杂的人机界面评价问题，如果评判者不能确切了解因素间的关系及评价问题的本质，就很难保证评价结果的真实性，而且评价因素众多极易引起人的思维混乱和判断失误，影响评判结果的准确性。

(3) 人工神经网络

人工神经网络通过模拟人脑的思维方式，自动对网络进行训练，避免了一些主观因素的影响，一些学者也逐渐将其应用于各领域的评价中。Niazi 等提出了基于人工神经网络的电力系统安全评价方法，减小了主观因素的影响，指出训练样本的选择是决定评价结果精确性的重要保障。Misra 和 Singh 将 BP 神经网络用于事故后信息系统评价中，为减小训练样本的数目，提高训练速度，改进了网络结构，研究结果表明了方法的可行性和有效性。Hyun-Ho Lee 和 Sang-Kwon Lee 将人工神经网络技术应用于客车音响系统的评价中，通过使用大量的训练样本进行训练，建立了评价模型，提高了评价的客观性。Raduly 等将人工神经网络方法用于污水处理厂的效绩评价中，发现这种方法比传统的方法训练速度快，实现了评价的智能化和便捷性。Yan Shengyuan 等将径向基神经网络方法应用于人机界面主观评价中，实现了网络结构和初始权值的自动获得，减小了主观因素的影响，提高了人机界面评价结果的客观性，但评价结果的精确程度取决于数据样本的数量。朱川曲以神经网络技术和系统可靠性理论为基础，提出了基于系统可用度的神经网络方法，并将其应用于综采工作面人-机-环境系统的可靠性评价研究中，指出神经网络方法是解决影响因素之间存在复杂非线性关系问题的有效方法。

可见，由于神经网络方法可避免主观因素对评价结果的干扰，一些学者将其应用于包括人机界面评价在内的许多评价领域中。但研究表明利用神经网络方法进行评价需要大量的训练样本，而人机界面评价本身就属于少数据、贫信息系统的评价，获得大量的训练样本是很困难的。另外，神经网络评价在训练之前网络输出值的设定对评价结果是至关重要的，也是一直未能解决的问题。因此，采用神经网络方法评价人机界面是有局限性的。

(4) 灰色系统理论

灰色系统理论是邓聚龙教授率先提出的，该方法对于处理具有不完全信息的灰色系统具有独特的优势，而且在评价过程中仅仅需要较少的信息量，适用于贫信息系统的评价。因此，很多学者对其进行了深入的研究并将其应用于各种评价中。Yong-Huang Lin 等针对评价过程中评价信息的不充足、不确定问题，提出利用灰数代替实数进行灰色聚类分析，建立了基于灰数的灰色聚类评价模型，解决了包含不确定信息的贫信息系统评价问题。Yong-Huang Lin 等为解决不确定信息的评价问题，利用灰色系统理论中灰数的概念，将理想点法中的实数拓展至灰数范畴，通过计算两灰数之间的距离，实现对方案的评价。研究结果表明利用灰数处理含有不确定信息的评价问题是可行的，为处理不确定信息评价问题提供了新的思路。Hsin-Hsi Lai 等利用灰色关联分析方法评价了儿童汽车座椅界面的舒适性问题，通过因素分析建立了座椅界面的评价指标

体系，构造了基于灰色关联分析的评价模型，解决了基于座椅舒适性的人机界面评价问题。颜声远等根据人类思维具有模糊性和灰色性的特点，将灰色系统理论用于人机界面主观评价之中，实现了定性评价指标的定量化，解决了人机界面的主观评价问题，但并未解决不确定信息的描述问题。

可见，灰色系统理论对于处理指标数目众多、层次结构复杂、样本信息贫乏的灰色系统是行之有效的方法。对于具体的人机界面评价问题，由于其影响因素众多，而且各因素之间具有复杂的关联关系，评价过程受人为因素等不确定因素的影响，呈现出极大的灰色性。因此，将灰色系统理论用于人机界面评价研究是适宜的，而且一些学者也已将其成功应用于人机界面评价之中。但是在定性指标量化过程中，传统的灰色评价方法将不确定信息过早地精确化，容易造成不必要的信息丢失，导致评价结果失真。因此，为保证评价结果的可靠性，必须对传统的灰色评价模型予以改进。

(5) 一些改进的算法

为弥补单一评价方法对复杂系统评价时存在的不足，很多学者将一些组合评价法和改进的算法应用于评价过程中。Li-Jie Guo 等提出了将模糊综合评判和 BP 神经网络相结合的组合算法，该算法首先利用模糊综合评判法对方案进行评价，然后将模糊综合评判过程融合于 BP 网络中，通过对网络的训练实现对系统的评价。该算法在一定程度上减少了人为因素的影响，使评价过程更加简洁、方便和智能，但评价结果的精确程度依然取决于隶属函数的构造、权重的确定，而这些问题并未得到解决。Sun 等将层次分析法和基于前馈神经网络的模糊推理技术相结合，用于概念设计方案的评价和决策，该算法首先通过层次分析法来确定顾客需求的相对重要性，然后利用基于神经网络的模糊推理技术对方案作出评价，解决了评价信息的模糊性问题，提高了计算的效率，但需要大量的数据样本。Hung-Cheng Tsai 等提出了将灰色聚类分析和模糊神经网络相结合的评价算法，该算法针对模糊神经网络算法所需的输入样本较多的问题，提出利用灰色聚类分析预测数据样本，将预测值模糊处理后作为输入样本，解决了样本数量的问题，但隶属函数难以构造的问题依然存在。Sun-Jen Huang 等针对软件工效评价过程中评价信息的不完全性和灰色性，提出了将灰色关联分析和遗传算法相结合的评价方法，通过遗传算法优化指标的权重，提高了评价结果的准确性，但这种结合方式同时也增加了评价模型构造的复杂程度，这可能限制被提出的方法在实际中的应用。Lian-Yin Zhai 等针对概念设计评价过程中评价因素众多、评价信息的模糊性和不确定性等问题，将区间粗糙数引入评价过程中，构造了差分系数的概念，提出了基于灰色关联分析和粗糙集理论的粗糙-灰评价方法，实现了不确定信息的描述和量化，避免了隶属函数难以确定的问题，保留了原始数据的客观性，但评价结果以区间粗糙数的形式描述不够直观。

可见，各种改进的算法都在不同程度上解决了复杂系统评价过程中出现的评价信息模糊性、不确定性等问题，弥补了传统评价方法的一些缺陷，但仍然存在各自的缺陷和局限性，难以直接应用于人机界面评价中。

综上所述，尽管目前提出的评价理论很多，但直接针对人机界面评价理论的研究并不多，研究也不够深入，仅仅是将现有的评价理论应用于人机界面评价之中，而且在应用过程中也存在一定的问题，并未很好地解决具有多层次、多属性、不确定信息的复杂系统评价问题。因此，适用的人机界面评价理论有待于进一步的研究和探索。本书将在前人研究的基础上，改进现有的评价算法，对具有多层次、多属性、不确定信息的复杂系统评价问题进行探索性研究。

1.4.3 权重分配方法研究现状综述

权重反映了各指标的相对重要程度，权重分配的正确与否直接影响着评价结果的准确性和可靠性。目前，对权重分配方法的研究主要集中在以下几个方面。

(1) 客观赋权方法的研究

为提高权重分配结果的客观性，很多学者做了大量的工作。Hepu Deng等很多学者都利用信息熵的方法确定指标权重，指出熵权法可避免主观因素的影响，保证评价结果的可靠性。但实际上，熵权法对于无法得到客观值的系统是不适用的，因而熵权法也有其局限性，并非所有的情况都能适用。Chiang Kao基于数据包络分析方法，通过构造与理想点的绝对距离和相对距离规划方程计算各指标的权重，避免了人的主观因素的影响，增加了权重分配结果的可信性。Ying-Ming Wang等将相关系数和标准差相结合提出了CCSD权重分配方法，该方法依据数据间相关系数的大小来反映指标的权重，相关系数越高，指标的变化对决策的影响就越小，指标的重要性也就越小。研究结果表明，该方法与其他方法相比，具有较高的灵敏度，但不适合多指标权重的分配。柳炳祥等利用模糊聚类分析方法和粗糙集的相关原理，挖掘数据之间的信息关系，

提出了基于模糊集与粗糙集相融合的多因素权重分配方法，该方法利用数据内蕴含的信息关系反映属性的重要程度，避免了主观因素的影响，使权重的分配更加客观、可信。

可见，客观赋权法的确是在一定程度上避免了人为因素的影响，提高了权重分配的客观性。但过度地强调客观性，硬性地利用数据内蕴含的信息关系挖掘指标的权重信息，有可能会掩盖指标的实际含义，以至于不能真实地反映指标间的相对重要性，而且并非所有的情况下都适合使用客观赋权，因此，应根据具体的权重分配问题进行具体的分析。

(2) 主客观赋权方法的合成研究

为实现主、客观信息的有效合成，很多学者提出了一些新的组合赋权方法。Jia Ma 等针对多属性决策过程中权重的分配问题，将 Chu 等提出的根据决策者主观信息分配权重的方法和 Fan 等提出的利用二维目标规划模型得到的客观信息权重分配方法有机结合，既反映了决策者的主观信息，又反映了客观信息，实现了主、客观信息的集成。Tang 等将信息熵方法和层次分析法通过折中系数相结合，从主观和客观两方面考虑指标的相对重要程度，避免了单一方法存在的缺陷。Yulin Lin 等提出了基于层次分析法和人工神经网络方法的组合赋权法，通过将主观权重和客观权重线性组合，实现了主、客观权重分配方法的有机结合，使权重的确定更加客观。

可见，主客观赋权方法的合成研究为权重的分配提供了崭新的思路。但目前的研究往往只是体现在结果、形式上的简单组合，而并未实现在过程上、本质上的结合。

(3) 权重分配新方法的研究

由于权重的分配受很多不确定因素和人为因素的影响，导致权重的分配具有一定的难度和复杂性。因此，一些学者根据权重分配过程中常出现的一些问题，提出了一些新的权重分配方法。Hong-Xing Li 依据权重难以确定的特点，提出采用变权分析的思路确定指标权重，并给出了变权的定义，构造了变权的平衡函数，讨论了基于平衡函数的变权赋权方法，为权重的分配提供了新的思路，但变权赋权方法受心理因素影响较为严重。Fatemeh Torfi 等采用模糊层次分析法确定了指标的权重，解决了指标信息的多层次性和模糊性问题。刘万里等利用几何平均法解决了层次分析法群赋权过程中判断矩阵的构造问题，通过数学推理论证了利用几何平均法构造的判断矩阵比利用算术平均法得到的判断矩阵更易于保持一致性和满意性，具有良好的性质，为层次分析法群赋权问题提供了有效的方法和理论依据，但简单的几何平均法或算术平均法难以反映信息之间的关联关系。

综上所述，尽管各国学者围绕上述问题对权重分配方法做了大量的研究工作，并取得了一定的研究成果，但仍然存在很多待解决的问题。本书将在前人研究的基础上，针对人机界面评价指标的权重分配问题作进一步的研究和探讨。

1.5 研究内容

本书围绕核电厂主控室人机界面评价，针对评价过程中涉及的评价指标体系的构建、指标权重的分配方法、不确定信息的评价方法等方面做以下的研究工作。

① 回顾评价指标的筛选方法和筛选原则，分析当前评价指标筛选方法存在的主要问题。运用系统分析的思想，从指标的相关性、重要性和有效性几个方面对评价指标体系的筛选方法进行研究，提出评价指标筛选方法的多因子综合算法，为评价指标的筛选提供新的途径和方法。同时探讨评价指标有效性检验的方法，尝试利用灰色关联分析检验评价指标的有效性，分析和验证其可行性和合理性。

② 结合中国国情以及中国人心理和生理特点，分析核电厂主控室人机界面评价的相关标准和影响因素，确定核电厂主控室人机界面评价指标体系的总体框架，构建本土化的核电厂主控室人机界面评价指标体系。

③ 在综述评价指标权重分配方法的基础上，分析传统层次分析法确定权重的优点和存在的问题，研究人机界面评价指标的权重分配方法，解决人机界面评价过程中多专家权重信息的集结问题和评价指标过多时的权重分配问题，探讨信度系数的构造方法，提出基于信度系数的指标权重分配方法和基于灰关联层次分析的多指标权重分配方法，给出两种权重分配方法实现的过程和算法。

④ 研究包含不确定信息的复杂系统多方案评价问题和多层次评价问题，构建基于区间灰数的人机界面不确定信息综合评价模型。综合考虑方案间的相似性和接近性，提出灰区间相近度的概念，建立基于相近度的多方案综合评价模型，克服单一评价方法存在的缺陷，通过案例分析验证该方法的有效性和合

理性。同时提出基于灰区间聚类的多层次评价方法，建立基于典型白化权函数的灰区间聚类多层次评价模型，给出该方法实现的具体步骤和边界条件，解决人机界面不确定信息的评价问题。

⑤ 探讨主、客观评价指标的量化方法，开发核电厂主控室人机界面综合评价软件，实现主、客观评价结果的量化，通过应用案例验证本书提出的评价理论和方法。

第2章 评价指标筛选方法的分析与构建

2.1 评价指标体系初建的基本方法

指标体系的构建是制约评价结果准确与否的关键，是评价的前提和基础。然而，构建评价指标体系时须遵循针对性、动态性、可量化性、层次性原则，即所构建的指标体系应针对具体领域，所选取的指标能衡量同一指标在不同时段的变化情况，具有可量化的特点，具有一定的实际意义，保证评价的可操作性，同时指标体系层次分明，有利于全面清晰地反映研究对象。

指标体系的初建包括两方面内容，一是指标的选取，二是指标体系结构的设计。指标选取要充分考虑各指标的含义、计算范围、计量单位和处理方法等。选取单个指标的过程中，需要明确指标测量的目的并给出理论定义，选择待构指标的标志并给出操作性定义，设计指标计算内容和计算方法，以及实施指标测验等基本步骤，从而保证所选取的指标具有代表性、目的性、全面性、可行性、稳定性。指标体系的设计根据评价系统的复杂程度确定指标体系的层次结构，比较典型的指标体系结构有目标层次式结构和因素分解式结构两类。前者主要用于对现象的水平评价，后者主要用于评价对象的因素分析。

常用的评价指标体系初建的方法主要包括综合法、分析法、目标层次法、交叉法、指标属性分组法。综合法是对现有的指标体系进行聚类、整理，使之体系化，对于新的评价对象不适用；分析法是利用科学分析的方法将目标对象划分为不同的组别，并逐步细化，直到每一部分能用具体的指标来描述，而生成评价指标体系的方法，该方法的适用性较强，但分析过程受人为因素的影响，存在较大的主观性；目标层次法利用分层的方法建立目标层、子目标层，从而形成指标体系，该方法层次清晰，但也存在一定的主观随意性；交叉法是

利用多维交叉的方法进行对比和协调，从而形成指标体系，该方法思路清晰，指标体系全面，但容易造成指标之间的重复；指标属性分组法是基于指标属性的角度构建指标体系。

2.2 评价指标筛选的意义

科学合理的评价指标体系是评价的前提和基础，只有基于科学合理的指标体系，才能得到准确客观的评价结果。目前，针对评价指标体系的研究较多，但大多数的研究都是着眼于具体的研究领域，借助各种文献、参考资料，通过分析和综合，构建各种各样的评价指标体系，由于缺少科学的理论方法作指导，常常会出现不同程度的问题，诸如指标间相关性过大、指标体系的结构不合理、有效性较低、可操作性较差等问题。因此，指标体系初建后仍需进一步对指标进行筛选，科学有效的指标筛选方法对于评价指标体系的构建具有非常重要的意义。

(1) 科学的指标筛选方法可防止指标冗余

评价指标的全面性固然重要，但过分地强调全面性，容易导致指标的数目众多，指标体系过于庞大，指标之间过分冗余，相关性过大。只有通过合理的指标筛选和优化才能消除指标冗余，从而避免因指标冗余而引起的评价者判断偏差和评价结果失真。

(2) 科学的指标筛选方法可简化指标体系结构，突出重点信息

指标体系中的每个指标在评价过程中所起的作用是不同的，通过指标的筛选和优化可以将起主要作用的几个指标提取出来，反映整个指标体系的性能，既简化了指标结构，又突出了重点信息，提高了评价的效率。

(3) 科学的指标筛选方法可保证评价的科学性

评价的准确性和科学性取决于很多因素，但指标体系的合理筛选和优化是前提和基础。如果没有科学的指标体系作指导，无论多么科学和有效的评价方法也无济于事，不可能得到正确的评价结果。

(4) 科学的指标筛选方法可提高指标体系的有效程度

对同一评价对象，基于不同的角度可构造出不同的评价指标体系，利用这些不同的评价指标体系对同一对象评价时会产生不同的评价效果，评价效果的好坏体现了评价指标体系的有效性，只有通过合理的指标筛选和优化才能保证所建立的指标体系的有效性。

(5) 科学的指标筛选方法可保证评价指标体系的稳定性和可靠性

由于专家的认知特性、专业知识、主观期望等各有差异，因此对同一评价指标体系的理解和运用各有偏差，这样容易导致即使采用同一评价指标体系评价同一对象，也会得到不同的评价结果，使评价指标体系缺乏稳定性，出现可靠性的降低。通过合理的指标筛选有利于保证评价指标体系的稳定性和可靠性。

综上所述，科学有效的评价指标筛选方法研究无论从理论上还是实践上都具有十分重要的意义。只有依据科学的理论、方法、手段建立的评价指标体系才能保证评价结果的科学性和准确性。因此，适用的评价指标筛选方法研究是非常必要的。

2.3 评价指标的筛选原则

要建立科学合理、切实可行的评价指标体系，评价指标的筛选一方面要以科学的理论方法为基础，另一方面要有正确的原则作指导。通常，评价指标的筛选应遵循以下原则。

(1) 全面性和代表性原则

筛选后构造的评价指标体系一方面应尽量覆盖评价问题的各方面特征，体现评价目标的全面性，绝对不能顾此失彼；另一方面所选评价指标应具有代表性，能真实地反映评价对象的主要特征。做到所选指标既要全面又要简明扼要，重点突出。

(2) 明确的目的性原则

必须依据评价目的选取评价指标，使所选取的评价指标能真实准确地反映评价的意图和内涵。

(3) 科学性和客观性原则

评价指标的筛选必须以相关的专业知识、数学理论为依据，指标体系中每一个指标的筛选和优化，都必须科学合理、准确可靠、有理可依、实事求是、符合客观实际。

(4) 层次性和独立性原则

筛选后构造的评价指标体系一方面应具有层次性，便于比较分析；另一方面同层指标之间应具有独立性，减少指标之间相关性，避免因指标重叠而产生不利影响。

(5) 定性指标和定量指标相结合的原则

完整的评价指标体系既要包括定量指标，又要包括定性指标。任何单方面的指标都无法系统地反映整个评价过程，因此评价指标的筛选必须遵循定性指标和定量指标相结合的原则。

(6) 可操作性原则

所选取的指标应该含义明确，避免交叉、重叠，易于量化理解，便于数据的提取和计算，应用于不同的评价对象时应有利于方案的比较和决策。

2.4 评价指标筛选方法研究概况及分析

2.4.1 评价指标筛选方法研究概况

评价指标的筛选方法可分为定性分析方法和定量分析方法。定性分析方法是借助于专家的知识、经验，对评价因素进行分析和综合，从而形成反映评价目标的指标体系，常包括归纳演绎、分析综合、比较分析等方法。定性分析方法受人为因素的影响较大，具有一定的主观性。定量分析筛选评价指标就是采用一些数学方法，通过分析各指标之间的关系或子指标相对于上层指标的重要程度来决定指标的取舍。定量分析的方法较多，但不同的定量分析方法有其各自的特点和局限性。

目前，常用的评价指标筛选的定量分析方法主要有以下几种。

(1) 极小广义方差法

如果要从 N 个指标中选取一个来评价某事物，应该选取其中最具代表性的指标，但一个指标绝不可能把 N 个指标的评价信息都反映出来，反映不完全的部分就是这个指标作为代表而产生的误差。选取的指标越具有代表性，这个误差就越小，重复这一过程，就可以选出若干个代表性指标，并使代表性误差控制在最小范围内。

（2）典型指标法

先对各备选指标作聚类分析，然后在聚合的每类指标中各选出一个代表性指标作为这类指标的典型指标。计算每一个指标与其同类指标的相关系数的平方，该值最大的指标作为该类的典型指标。

（3）层次分析法

层次分析法筛选评价指标是通过计算所构造的比较判断矩阵的最大特征值所对应的特征向量，从而获得指标的权值，最后依据权值的大小即指标的重要性程度对指标进行取舍。目前，已有很多学者将其应用于评价指标的筛选中。高杰等从不确定性的角度提出了利用层次分析区间估计的方法筛选指标的新方法，通过计算指标权重的区间估计的上下限差值决定指标的取舍，提高了对弱指标权重的识别能力，有效地剔除了弱权重的指标，为指标筛选提供了新的思路。

由此可见，层次分析法在指标筛选方面得到了广泛的应用，但层次分析仅仅从指标间的相对重要程度对指标进行取舍，并未考虑各指标之间信息的重叠问题，不能消除各指标之间的相关性，这势必会影响评价指标体系的客观性和真实性。

（4）信息熵法

熵是信息论中测度一个系统不确定性大小的量。信息熵法筛选指标就是根据各指标值所包含的信息量的大小来反映各指标的区分能力，然后依据指标区分能力的大小决定指标的取舍。李元年将信息熵法应用于指标筛选的过程中，通过对指标区分度的测算，实现了指标的筛选。

信息熵法筛选指标是以指标自身信息的特点为出发点，通过指标所含信息量的多少客观地筛选指标，避免了主观因素的影响，适用于包含数据样本信息的指标筛选，但在筛选过程中通常更注重各指标的区分度的大小，而忽视了各指标的重要性与区分度的相互均衡，这样容易产生偏差，使评价指标体系失真。

（5）主成分分析法

主成分分析法是从系统内部因素的相关性考虑，通过适当的数学变换，将一个复杂系统用内部变量不相关的系统来表示，保留系统的主要信息，简化系统结构。利用主成分分析法筛选指标就是通过这种降维的方式，根据指标对主成分的贡献大小，删除一些次要因素，保留起主要作用的因素。但当各指标对

主成分的贡献相差不大时，主成分分析法筛选就难以发挥作用，而且此方法要求各指标之间必须满足一定的线性关系。

(6) 聚类分析法

聚类分析法就是用相似性尺度来衡量事物之间的关联关系，依据各指标之间关联程度的大小对指标进行归类。在归类过程中可采用不同的关联度计算方法如相关系数法、最大最小法、海明距离法等计算指标间的关联程度，然后依据选定的阈值大小，逐步将类由多变少，并从每类中选出有代表性的指标构成评价指标体系。Chao Rong 和 Katsuhiko Takahashi 等运用模糊聚类方法将指标进行分类，提炼出有代表性的指标，实现了指标的优化。李崇明等将聚类分析法和系统核理论相结合解决了系统核理论的多核问题，简化了评价指标的筛选，实现了对大量指标的快速筛选，为复杂系统的评价指标筛选提供了新的思路。

可见，聚类分析法已被广泛应用于评价指标体系的构建过程中，而且借助SPSS统计分析软件可实现大量指标的归类，简化了聚类过程。但此方法较适用于含有大量数据样本的指标，通过对数据样本的分析实现指标聚类。

(7) 灰色关联分析法

灰色关联分析法是一种根据曲线形状的相似程度动态地判断因素间关联程度的方法，可用于评价、系统分析等很多方面，对于少数据、小样本信息系统具有独特的优势。近年来，一些学者也将其应用于评价指标的筛选中。目前，采用灰色关联分析方法筛选指标通常有两种方式，一种是计算各指标与理想方案的关联程度，根据关联程度的大小确定各指标的重要程度，最后依据指标重要程度的大小决定指标的取舍；另一种是计算每两个指标之间的关联度，根据指标间的相关程度实现指标的聚类。这两种方式分别从重要性和相关性两个不同的角度对指标进行了筛选，考虑重要性则忽视相关性，反之亦然。因此，它们都存在一定的局限性，如何弥补自身的缺陷是需要探讨的问题。

(8) 人工神经网络法

由于人工神经网络具有良好的自学习能力，一些学者将其应用于评价指标的筛选过程中。例如，陈海英等利用人工神经网络法优化评价指标，以初选指标为网络输入，以核心指标为网络输出，通过网络训练计算各输入变量对输出变量的贡献率，从而反映输入指标和输出指标的相关程度大小，将相关程度较小的指标删除，实现指标的优化。

可见，人工神经网络法筛选指标省去了烦琐的数学计算和分析过程，更加简洁方便，但数据样本的数量多少和网络输出值的设定是制约其结果可靠性的关键因素。然而评价指标筛选过程中数据样本数量的不充足是经常会发生的，网络输出值的设定依据也很难令人信服。因此，利用人工神经网络优化评价指标存在着诸多的问题。

(9) 粗糙集属性约简法

粗糙集理论是处理不完整数据、不确定知识的有效工具，粗糙集属性约简法可以通过对数据的分析和推理，挖掘隐含的规律，发现系统中一些冗余信息，从而有效地筛选指标。文献［100］～［103］将粗糙集理论的属性约简法应用于评价指标的筛选过程中，实现了在不改变属性集质量的前提下，剔除不相关或不重要指标的目的，完成了对指标体系的优化。

可见，粗糙集属性约简弥补了其他方法的一些缺点和不足，具有一定的应用价值。但在粗糙集属性约简中知识的表达是通过集合关系来描述的，难以直观地反映不同知识所包含的信息量，计算过程较为复杂。

单纯的定性分析或定量分析筛选评价指标都存在一定的片面性，难以得到科学、客观、系统的评价指标体系。目前，常用的指标筛选方法是采用定性分析和定量分析相结合的方式，即在定性分析的基础上，根据实际情况选用适当的定量分析方法筛选评价指标。

2.4.2 评价指标筛选方法研究概况分析

根据评价指标筛选方法的研究概况可知，很多学者对此做了大量的工作，也得到了一些实用的方法，解决了一些实际问题。然而仍然存在着一些问题，主要表现在以下两个方面：

① 大多数的评价指标筛选都是建立在定性分析和定量分析相结合的基础上，而目前所选用的定量分析方法通常都是仅仅从单一因素考虑，难以同时兼顾各指标之间的相关性和重要性。然而，评价指标的筛选只有全面考虑各种因素，才能得到更合理、有效的评价指标体系。

② 针对评价指标体系有效性检验的研究较少。对于同一评价问题基于不同的角度可建立多个评价指标体系，哪个体系能更真实地反映评价目标？所建立指标体系的有效程度大小怎样进行定量描述？如何进行评价指标的有效性检验？这些问题对于建立合理的指标体系具有重要的意义。然而，目前对评价指标体系的有效性检验的研究相对较少，现有的文献中，仅有文献［104］采用

统计学的方法对定性指标体系的有效性进行了分析，科学、适用的方法有待于进一步探讨。

综上所述，评价指标体系的建立必须根据具体的评价问题，综合考虑多种因素，探讨合适的评价指标筛选方法。

2.5 评价指标筛选方法的构建

2.5.1 多因子综合算法的提出

通过以上分析可知，评价的准确性和客观性是建立在科学、合理的评价指标体系的基础之上的。然而，目前针对评价指标体系的建立仍存在着许多问题和不足，尤其是针对像人机界面这样的复杂大系统，由于其内部影响因素较多，因素间关联关系复杂，更增加了评价指标体系构建的复杂性和艰巨性。因此，为了保障所建立的评价指标体系既全面而又不冗余，能真实地反映评价目标，必须从指标的相关性、重要性和有效性几个方面综合考虑，建立科学的评价指标体系。

定义 2.1 指标的相关性是指各指标之间的相关程度，指标相关程度的大小用相关度来表示。指标体系中指标间的相关度越大表明指标间的独立性越差，指标之间冗余程度越大，反之，指标间的独立性就越好，指标之间的冗余程度越小，指标体系越能真实地反映评价目标。

定义 2.2 指标的重要性是指各指标之间的重要程度，指标重要程度的大小用重要度来表示。指标的重要度越大表明该指标对评价目标的影响程度越大，反之，对评价目标的影响程度越小。

定义 2.3 指标的有效性是指评判者采用该指标对评价目标进行评价时指标的有效程度。指标有效程度的大小用效度来衡量。效度越大表明采用该指标对评价目标评价的有效性越高，反之，有效性越低。评价指标体系中各指标的效度之和反映整个指标体系的效度。依据指标体系的效度大小可以检验所建立的评价指标体系的有效性。

根据上述定义，为了建立科学合理的评价指标体系必须尽量地减小指标间的相关度，对于相关度大的指标应按其重要度进行取舍，单个指标的重要度相对较低的指标为保证指标体系的简洁性也应筛除，最后利用效度对其进行有效性分析，依据有效性检验的结果决定指标体系的合理与否。基于以上的思路，综合考虑指标的相关度、重要度和效度提出了评价指标筛选的多因子综合算法。

2.5.2 多因子综合算法的基本原理

多因子综合算法的基本原理是首先参考国内外标准、文献初建评价指标，然后利用初建的评价指标体系对评价目标进行评价，依据评判数据通过灰色关联聚类方法计算各指标之间的关联度大小，同时采用模糊分析计算各指标的重要度，根据计算得到的各指标间关联度的大小和指标的重要度的大小对指标进行聚类和取舍，最后采用灰色关联分析进行指标的有效性检验。该算法的实现流程如图 2.1 所示。基于多因子综合算法筛选后得到的评价指标体系保证了指标既全面又不冗余，既突出重点又相互独立。

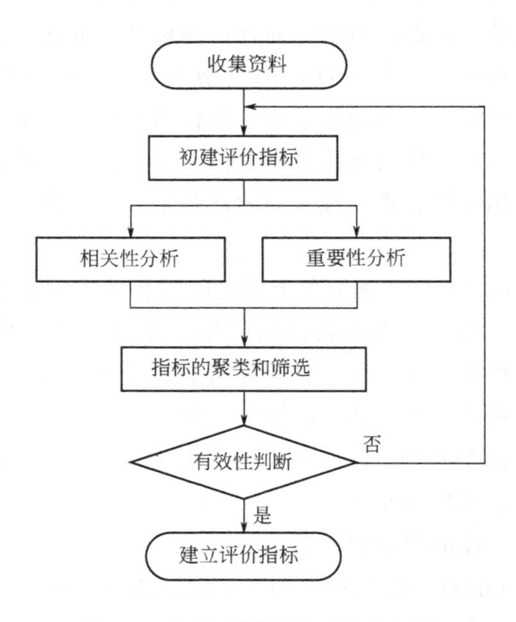

图 2.1　多因子综合算法的流程图

(1) 指标的相关性分析

指标相关性分析的方法较多，但大多是采用数理统计的方法或聚类分析等方法，需要大量的统计数据，计算工作量较大，而且一些方法要求数据样本满足一定的线性关系。灰色关联分析弥补了采用上述方法进行相关分析所导致的缺憾，它对于数据样本量的多少和样本的特征没有严格的要求，而且计算简便，对于定量和定性指标同样适用。灰色关联分析的基本思想是根据待比较的

序列曲线几何形状的相似程度来反映各曲线相关联的紧密程度。各比较序列曲线几何形状的相似程度越大，相应序列之间的关联程度就越紧密，反之亦然。基于这一思想，可依据各指标间关联度的大小分析各指标间的相关性，曲线间的形状越相似，表明相应指标间的关联程度就越大，这两个指标间的相关性就越高。如图 2.2 中，指标 1 和指标 3 之间曲线的几何形状相似程度较高，表明指标 1 和指标 3 之间的相关度就较大，应考虑将其聚类。可见，利用灰色关联分析的原理从曲线几何形状的相似程度可以进行指标的相关性分析。另外，对于复杂系统评价指标的筛选，由于受人的主观因素的影响，会涉及大量的不确定、模糊信息，使得分析过程呈现极大的灰色性，而灰色系统分析方法是解决此类问题的有效方法，因此，采用灰色关联聚类方法进行评价指标的相关性分析是可行的、合理的。

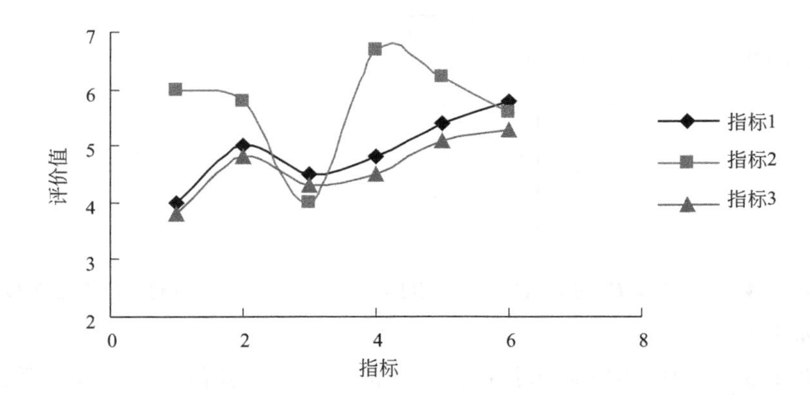

图 2.2　不同指标之间关联度比较

灰色关联聚类方法计算指标相关度的基本步骤如下：

设有 n 个待分析指标，每个待分析指标包含 m 个特征数据，相应的评判矩阵如下：

$$\boldsymbol{X}=\begin{bmatrix} x_1(1) & x_1(2) & \cdots & x_1(m) \\ x_2(1) & x_2(2) & \cdots & x_2(m) \\ \vdots & \vdots & & \vdots \\ x_n(1) & x_n(2) & \cdots & x_n(m) \end{bmatrix} \tag{2-1}$$

由于各指标信息所具有的量纲不同，会降低信息的可比性，因此必须对指标信息进行规范化处理，规范化处理的规则如下：

$$y_i(k)=x_i(k)\Big/\frac{1}{m}\sum_{k=1}^{m}x_k(k) \tag{2-2}$$

式中，$i=1,2,\cdots,n$；$k=1,2,\cdots,m$。对于所有的$i,j=1,2,\cdots,n$，计算指标 X_i 和指标 X_j 的灰色关联系数ξ_{ij}，记为：

$$\xi_{ij}(k)=\frac{\min\limits_{j}\min\limits_{k}|\Delta_{ij}(k)|+\rho\max\limits_{j}\max\limits_{k}|\Delta_{ij}(k)|}{|\Delta_{ij}(k)|+\rho\max\limits_{j}\max\limits_{k}|\Delta_{ij}(k)|} \tag{2-3}$$

式中，$\Delta_{ij}(k)=|y_i(k)-y_j(k)|$表示两指标间各对应点之间的绝对差值，$i\neq j$；$\rho$ 为分辨系数$\rho\in[0,1]$，通常取$\rho=0.5$。

这样得到 X_i 和 X_j 灰色关联度如下：

$$r_{ij}=\frac{1}{m}\sum_{k=1}^{n}\xi_{ij}(k) \tag{2-4}$$

相应的灰色关联下三角矩阵为：

$$\boldsymbol{R}=\begin{bmatrix} r_{11} & & & \\ r_{21} & r_{22} & & \\ \vdots & \vdots & \ddots & \\ r_{m1} & r_{m2} & \cdots & r_{mm} \end{bmatrix} \tag{2-5}$$

定义 2.4 称矩阵 $\boldsymbol{R}$ 为各指标之间的关联矩阵；不同指标间的关联度 r_{ij} 称为指标相关度。

定义 2.5 称关联度 $r_{临}$ 为指标相关度的临界值，其值依据指标体系的具体情况而定。

当 $r_{ij}>r_{临}$ 时，指标 X_i 和指标 X_j 应进行聚类。依据上述相关度的计算方法分析指标间相关程度的大小，对相关性大的指标进行归类，可以达到优化评价指标体系的目的。

(2) 指标的重要性筛选

针对评价指标体系而言，保留相对重要的指标，对不重要的指标予以筛除，可在保证评价指标体系基本作用的前提下进一步简化体系结构，便于对系统进行分析；同时对经过相关性分析聚为一类的指标，依据指标的重要程度对其进行取舍更能保证指标筛选的科学性、客观性。由于复杂系统评价指标的筛选带有极大的模糊性，因此，采用模糊分析的方法分析指标的重要性，对不重要的指标进行剔除。具体步骤如下。

设因素集 $\boldsymbol{U}=\{u_1,u_2,\cdots,u_n\}$，其中 $1,2,\cdots,n$ 为进行重要性评判的专家的数目。对指标 t 的重要性评判的数学模型为：

$$\boldsymbol{B}_t=\boldsymbol{A}_t\circ\boldsymbol{R}_t=(a_1,a_2,\cdots,a_n)\begin{bmatrix}\mu_{11} & \mu_{12} & \cdots & \mu_{1m}\\ \mu_{21} & \mu_{22} & \cdots & \mu_{2m}\\ \vdots & \vdots & & \vdots\\ \mu_{n1} & \mu_{n2} & \cdots & \mu_{nm}\end{bmatrix} \tag{2-6}$$

式中，$\circ$ 为模糊算子，为了保留全部有用信息，选用 $M(\circ,+)$ 加权平均型算子；$\boldsymbol{A}_t$ 为对各评判专家分配的权重而组成的权重集 $\boldsymbol{A}=(a_1,a_2,\cdots,a_n)$，这里为体现公平的原则可采用等权处理，即 $a_i=1/n$；$\boldsymbol{R}_t$ 为模糊评判矩阵，$\boldsymbol{R}_t=(\mu_{ij})_{n\times m}$，其中 μ_{ij} 为第 i 个因素隶属于评判集中第 j 个元素的隶属度，$i=1,2,\cdots,n$；$j=1,2,\cdots,m$。

通常，根据人的思维特性评判等级一般可划分为5～9级，包含 m 个评判等级的评判集可表示为 $\boldsymbol{V}=\{v_1,v_2,\cdots,v_m\}$。为反映指标的重要性等级，将评判等级划分为5级，即 $\boldsymbol{V}=\{$不重要，稍不重要，重要，较重要，非常重要$\}$。对应 $\boldsymbol{V}$ 的取值论域可表示为 $\boldsymbol{W}=\{0\sim2,2\sim4,4\sim6,6\sim8,8\sim10\}$。

根据模糊数学的理论及上面定义的取值论域，可构造隶属度函数，其表达式为：

$$\mu_{i1}=\begin{cases}1, & x<1\\ \dfrac{3-x}{2}, & 1\leqslant x<3\\ 0, & x\geqslant3\end{cases} \tag{2-7}$$

$$\mu_{i2}=\begin{cases}\dfrac{x-1}{2}, & 1\leqslant x<3\\ \dfrac{5-x}{2}, & 3\leqslant x<5\\ 0, & \text{其他}\end{cases} \tag{2-8}$$

$$\mu_{i3}=\begin{cases}\dfrac{x-3}{2}, & 3\leqslant x<5\\ \dfrac{7-x}{2}, & 5\leqslant x<7\\ 0, & \text{其他}\end{cases} \tag{2-9}$$

$$\mu_{i4}=\begin{cases}\dfrac{x-5}{2}, & 5\leqslant x<7\\ \dfrac{9-x}{2}, & 7\leqslant x<9\\ 0, & \text{其他}\end{cases} \tag{2-10}$$

$$\mu_{i5}=\begin{cases}0, & x<7\\ \dfrac{x-7}{2}, & 7\leqslant x<9\\ 1, & x\geqslant 9\end{cases} \tag{2-11}$$

式中，$\mu_{i1}\sim\mu_{i5}$分别为各指标的评价分值隶属于评判等级取值论域 0～2、2～4、4～6、6～8 和 8～10 的隶属函数；x 为评价分值。

为便于比较评判结果，可利用下式将 $\boldsymbol{B}_t$ 转换为百分制分值的形式：

$$\boldsymbol{C}_t=\boldsymbol{B}_t\boldsymbol{E}^{\mathrm{T}} \tag{2-12}$$

式中，$\boldsymbol{E}$ 称为转换矩阵，$\boldsymbol{E}=[60,70,80,90,100]$。

定义 2.6 称 $\boldsymbol{C}_t$ 为评价指标的重要度，其值越大表明该指标越重要。

依据 $\boldsymbol{C}_t$ 的大小可对指标进行排序，从而筛除不重要指标，简化指标体系结构。

(3) 指标的有效性检验

对同一评价问题，基于不同的角度可构造出多个不同的评价指标体系，哪个评价指标体系能更加全面、有效地反映评价目标的本质，以及所选用的评价指标的有效性大小，这些都会对评价结果产生重要的影响。因此，有必要对评价指标体系进行有效性检验。目前，对评价指标体系进行有效性检验研究的人很少，文献 [104] 基于统计学的原理，通过专家所给信息的差异程度，对定性指标评价指标体系的有效性进行了研究。但统计学方法的主要缺点是结果的准确程度取决于数据样本的多少，同时要求样本服从某个典型的概率分布，这些都给有效性分析带来了一定的困难。为弥补统计学方法的缺陷，本书尝试将灰色关联分析的方法应用于评价指标的有效性检验之中。

当不同的评判者采用某一评价指标体系对同一评价对象评判时，如果得到的评价结果相差较大，表明该评价指标体系难以真实地反映评价对象的本质，其有效性较低。灰色关联分析进行有效性检验的基本思想就是通过曲线形状的相似程度来分析指标序列与对应的参考序列的关联程度，从而反映专家认识的差异程度。针对某个指标来说，各个指标的比较序列曲线与参考序列曲线的相

似程度越高，则依据该指标判断时专家认识的一致性就越高，该指标的有效性越好。可见，利用灰色关联分析进行有效性分析的原理也是通过分析曲线的几何形状相似程度实现的，但问题的关键是参考序列的确定，选择不同的序列作为参考序列所反映问题的本质是不同的。

利用灰色关联分析进行有效性检验的基本原理和步骤如下。

设评价指标集为 $\boldsymbol{A}=\{A_i|i\in N,N=(1,2,\cdots,n)\}$，$n$ 是评价指标的个数。评判专家集为 $\boldsymbol{B}=\{B_k|k\in K,K=(1,2,\cdots,m)\}$，则各指标序列可以表示为：

$$\begin{aligned}\boldsymbol{X}_1&=[x_1(1),x_1(2),\cdots,x_1(m)]\\\boldsymbol{X}_2&=[x_2(1),x_2(2),\cdots,x_2(m)]\\&\vdots\\\boldsymbol{X}_n&=[x_n(1),x_n(2),\cdots,x_n(m)]\end{aligned}\tag{2-13}$$

规范化处理规则如下：

$$y_i(k)=x_i(k)\Big/\frac{1}{m}\sum_{k=1}^{m}x_k(k)\tag{2-14}$$

定义 2.7 称 $y_{oi}(k)$ 为各指标的参考序列值，针对不同的指标其参考序列值是不同的，$y_{oi}(k)=\frac{1}{m}\sum\limits_{k=1}^{m}y_i(k)$。第 i 个指标的参考序列为 $\boldsymbol{Y}_{oi}=[y_{oi}(1),y_{oi}(2),\cdots,y_{oi}(m)]$。

定义 2.8 称 ε_i 为各指标的效度，表示该指标有效性的大小。所有指标效度的和为由这些指标所构成的评价指标体系的效度，记为 ε。

针对每个指标计算各专家所给信息与参考信息的关联系数为：

$$\xi_{io}(k)=\frac{\min\limits_i\min\limits_k|y_i(k)-y_{oi}(k)|+\rho\max\limits_i\max\limits_k|y_i(k)-y_{oi}(k)|}{|y_i(k)-y_{oi}(k)|+\rho\max\limits_i\max\limits_k|y_i(k)-y_{oi}(k)|}\tag{2-15}$$

关联系数的大小反映了专家所给的评判信息与参考信息的关联程度，关联程度越高，表明所给信息的离散程度越低，专家认识的一致程度越高，该指标的有效性就越高。各指标的效度可表示为：

$$\varepsilon_i=\frac{1}{m}\sum_{k=i}^{m}\xi_{io}(k)\tag{2-16}$$

指标的效度值越大，表明采用该指标评价时专家认识趋于一致的程度越高，该指标的有效性就越大。相应的整个指标体系的效度可表示为：

$$\varepsilon=\frac{1}{n}\sum_{i=1}^{n}\varepsilon_i\tag{2-17}$$

指标体系的效度越大，表明该指标体系就越能真实地反映评价对象的本质，其有效性就越高。

可见，利用灰色关联分析进行有效性检验的关键就是参考序列的确定，合理地确定参考序列可使灰色关联分析发挥不同的作用，实现很多特殊的功能。通过有效性检验不仅可以检验所筛选的评价指标以及由此所构建的评价指标体系的有效性，而且可比较评价指标筛选前后指标体系的有效性变化情况以检验指标筛选的合理性。

2.5.3 实例验证

为验证所提出的评价指标筛选的多因子综合算法的可行性，以计算机监控界面中显示元素的评价指标的筛选为例进行说明。首先，初建其评价指标如图 2.3 所示。

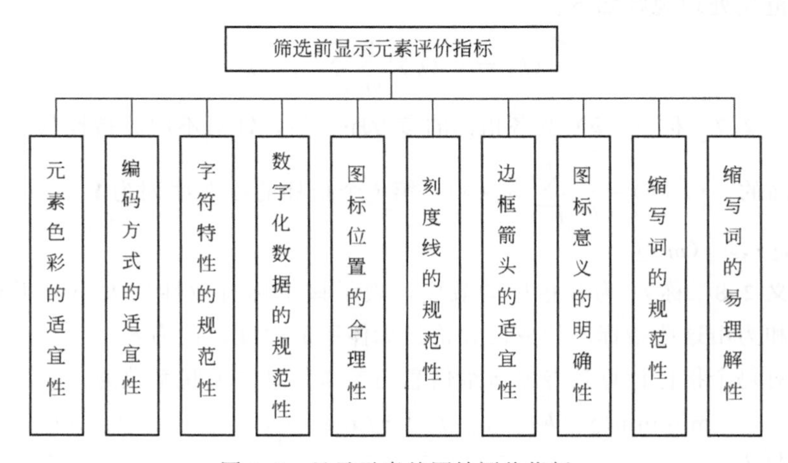

图 2.3　显示元素的原始评价指标

依据初建的评价指标体系，对 8 种界面进行评判，得到的评判矩阵为：

$$
\boldsymbol{X}=\begin{bmatrix}
8.1 & 6.8 & 8.5 & 8.5 & 9.1 & 9.2 & 7.8 & 8.7 & 8.6 & 8.6 \\
7.5 & 7.2 & 8.2 & 8.2 & 9.6 & 7.6 & 6.5 & 6.4 & 8.9 & 8.8 \\
7.3 & 8.6 & 8.7 & 8.9 & 8.2 & 9.1 & 8.4 & 8.8 & 7.6 & 7.5 \\
7.7 & 8.8 & 7.8 & 7.8 & 7.8 & 8.9 & 8.2 & 6.2 & 8.8 & 8.7 \\
8.6 & 7.5 & 8.9 & 9.1 & 7.8 & 6.3 & 7.2 & 7.2 & 8.6 & 8.9 \\
9.3 & 7.7 & 7.6 & 7.8 & 8.6 & 7.3 & 8.9 & 8.9 & 6.8 & 6.9 \\
7.6 & 7.2 & 8.3 & 8.7 & 6.7 & 7.6 & 8.3 & 8.3 & 7.8 & 7.6 \\
9.4 & 7.8 & 8.4 & 8.6 & 7.2 & 9.2 & 8.5 & 8.5 & 8.2 & 8.1
\end{bmatrix}
$$

利用式(2-2)～式(2-5) 求得灰色关联下三角矩阵为：

$$
\boldsymbol{R}=\begin{bmatrix}
1.000 \\
0.645 & 1.000 \\
0.594 & 0.682 & 1.000 \\
0.702 & 0.664 & 0.914 & 1.000 \\
0.578 & 0.591 & 0.656 & 0.588 & 1.000 \\
0.576 & 0.724 & 0.632 & 0.628 & 0.603 & 1.000 \\
0.524 & 0.698 & 0.614 & 0.621 & 0.657 & 0.552 & 1.000 \\
0.583 & 0.615 & 0.567 & 0.605 & 0.616 & 0.644 & 0.653 & 1.000 \\
0.739 & 0.666 & 0.733 & 0.694 & 0.638 & 0.660 & 0.539 & 0.562 & 1.000 \\
0.649 & 0.650 & 0.709 & 0.733 & 0.635 & 0.666 & 0.536 & 0.545 & 0.911 & 1.000
\end{bmatrix}
$$

由上面求得的下三角关联矩阵可清楚地看出各指标之间相关度的大小，根据评价指标筛选的原则，为确保指标体系的全面性，这里将临界相关度设定为0.9，对于满足 $r_{ij}>0.9$ 的指标进行聚类。基于这一规则，依据指标间相关性的大小，显示元素的原始评价指标被聚类为$\{x_1\}\{x_2\}\{x_3,x_4\}\{x_5\}\{x_6\}\{x_7\}\{x_8\}\{x_9,x_{10}\}$。

为进一步衡量各指标的重要性程度，保证指标体系能更真实、有效地反映评价目的，对原始的指标体系进行指标的重要性分析。首先根据专家意见得到各指标的重要性评价分值，见表 2.1。

表 2.1 各指标的重要性评价分值

指标	评分专家									
	1	2	3	4	5	6	7	8	9	10
元素色彩的适宜性	8.7	8.6	7.6	8.8	7.4	7.5	9.6	6.3	8.6	8.9
编码方式的适宜性	1.7	1.3	2.6	3.7	2.2	1.8	1.6	2.1	2.2	5.1
字符特性的规范性	7.5	7.6	7.9	7.7	6.7	6.8	8.6	8.4	7.1	8.1
数字化数据的规范性	7.4	7.3	6.8	7.2	6.3	8.3	5.6	6.6	8.2	6.7
图标位置的合理性	3.6	6.4	7.2	6.6	5.6	5.8	4.3	7.9	6.7	8.1
刻度线的规范性	4.8	5.2	6.7	4.3	6.5	5.4	7.2	5.5	6.7	5.3
边框箭头的适宜性	3.4	4.6	7.6	5.2	4.8	6.6	3.6	7.2	4.5	5.3
图标意义的明确性	7.5	8.6	7.7	8.9	6.1	5.5	8.7	7.3	7.1	8.1
缩写词的规范性	2.6	7.6	3.8	4.8	6.4	5.6	5.3	5.1	6.7	5.3
缩写词的易理解性	7.6	3.4	8.2	6.7	5.6	4.3	7.1	6.6	6.8	5.7

根据评价分值和隶属度计算公式(2-7)～式(2-11) 可求得每个指标的模糊评价矩阵 $\boldsymbol{R}_1 \sim \boldsymbol{R}_{10}$ 为：

$$\boldsymbol{R}_1=\begin{bmatrix} 0 & 0 & 0 & 0.15 & 0.85 \\ 0 & 0 & 0 & 0.20 & 0.80 \\ 0 & 0 & 0 & 0.70 & 0.30 \\ 0 & 0 & 0 & 0.40 & 0.60 \\ 0 & 0 & 0 & 0.80 & 0.20 \\ 0 & 0 & 0 & 0 & 1 \\ 0 & 0 & 0 & 0 & 1 \\ 0 & 0 & 0.35 & 0.65 & 0 \\ 0 & 0 & 0 & 0.20 & 0.80 \\ 0 & 0 & 0 & 0.05 & 0.95 \end{bmatrix} \quad \boldsymbol{R}_2=\begin{bmatrix} 0.65 & 0.35 & 0 & 0 & 0 \\ 0.85 & 0.15 & 0 & 0 & 0 \\ 0 & 0.80 & 0.20 & 0 & 0 \\ 0 & 0.65 & 0.35 & 0 & 0 \\ 0.40 & 0.60 & 0 & 0 & 0 \\ 0.60 & 0.40 & 0 & 0 & 0 \\ 0.70 & 0.30 & 0 & 0 & 0 \\ 0.45 & 0.55 & 0 & 0 & 0 \\ 0.40 & 0.60 & 0 & 0 & 0 \\ 0 & 0 & 0.85 & 0.15 & 0 \end{bmatrix}$$

$$\boldsymbol{R}_3=\begin{bmatrix} 0 & 0 & 0 & 0.75 & 0.25 \\ 0 & 0 & 0 & 0.70 & 0.30 \\ 0 & 0 & 0 & 0.55 & 0.45 \\ 0 & 0 & 0 & 0.65 & 0.35 \\ 0 & 0 & 0.15 & 0.85 & 0 \\ 0 & 0 & 0.10 & 0.90 & 0 \\ 0 & 0 & 0.20 & 0.80 & 0 \\ 0 & 0 & 0.30 & 0.70 & 0 \\ 0 & 0 & 0 & 0.95 & 0.05 \\ 0 & 0 & 0 & 0.45 & 0.55 \end{bmatrix} \quad \boldsymbol{R}_4=\begin{bmatrix} 0 & 0 & 0 & 0.80 & 0.20 \\ 0 & 0 & 0 & 0.85 & 0.15 \\ 0 & 0 & 0.10 & 0.90 & 0 \\ 0 & 0 & 0 & 0.90 & 0.10 \\ 0 & 0 & 0.35 & 0.75 & 0 \\ 0 & 0 & 0 & 0.35 & 0.65 \\ 0 & 0 & 0.70 & 0.30 & 0 \\ 0 & 0 & 0.20 & 0.80 & 0 \\ 0 & 0 & 0 & 0.40 & 0.60 \\ 0 & 0 & 0.15 & 0.85 & 0 \end{bmatrix}$$

$$\boldsymbol{R}_5=\begin{bmatrix} 0 & 0.70 & 0.30 & 0 & 0 \\ 0 & 0 & 0.30 & 0.70 & 0 \\ 0 & 0 & 0 & 0.90 & 0.10 \\ 0 & 0 & 0.20 & 0.80 & 0 \\ 0 & 0 & 0.70 & 0.30 & 0 \\ 0 & 0 & 0.60 & 0.40 & 0 \\ 0 & 0.35 & 0.65 & 0 & 0 \\ 0 & 0 & 0.55 & 0.45 & 0 \\ 0 & 0 & 0.15 & 0.85 & 0 \\ 0 & 0 & 0 & 0.45 & 0.55 \end{bmatrix} \quad \boldsymbol{R}_6=\begin{bmatrix} 0 & 0.10 & 0.90 & 0 & 0 \\ 0 & 0 & 0.90 & 0.10 & 0 \\ 0 & 0 & 0.15 & 0.85 & 0 \\ 0 & 0.35 & 0.65 & 0 & 0 \\ 0 & 0 & 0.25 & 0.65 & 0 \\ 0 & 0 & 0.80 & 0.20 & 0 \\ 0 & 0 & 0 & 0.90 & 0.10 \\ 0 & 0 & 0.75 & 0.25 & 0 \\ 0 & 0 & 0.15 & 0.85 & 0 \\ 0 & 0 & 0.85 & 0.15 & 0 \end{bmatrix}$$

$$
\boldsymbol{R}_7=\begin{bmatrix}
0 & 0.80 & 0.20 & 0 & 0\\
0 & 0.20 & 0.80 & 0 & 0\\
0 & 0 & 0 & 0.70 & 0.30\\
0 & 0 & 0.91 & 0.10 & 0\\
0 & 0.10 & 0.90 & 0 & 0\\
0 & 0 & 0.20 & 0.80 & 0\\
0 & 0.70 & 0.30 & 0 & 0\\
0 & 0 & 0 & 0.90 & 0.10\\
0 & 0.25 & 0.75 & 0 & 0\\
0 & 0 & 0.85 & 0.15 & 0
\end{bmatrix}
\quad
\boldsymbol{R}_8=\begin{bmatrix}
0 & 0 & 0 & 0.75 & 0.25\\
0 & 0 & 0 & 0.20 & 0.80\\
0 & 0 & 0 & 0.65 & 0.35\\
0 & 0 & 0 & 0.55 & 0.45\\
0 & 0 & 0.45 & 0.55 & 0\\
0 & 0 & 0.75 & 0.25 & 0\\
0 & 0 & 0 & 0.15 & 0.85\\
0 & 0 & 0 & 0.85 & 0.15\\
0 & 0 & 0 & 0.95 & 0.05\\
0 & 0 & 0 & 0.45 & 0.55
\end{bmatrix}
$$

$$
\boldsymbol{R}_9=\begin{bmatrix}
0.20 & 0.80 & 0 & 0 & 0\\
0 & 0 & 0 & 0.70 & 0.30\\
0 & 0.60 & 0.40 & 0 & 0\\
0 & 0.10 & 0.90 & 0 & 0\\
0 & 0 & 0.30 & 0.70 & 0\\
0 & 0 & 0.70 & 0.30 & 0\\
0 & 0 & 0.85 & 0.15 & 0\\
0 & 0 & 0.95 & 0.05 & 0\\
0 & 0 & 0.15 & 0.85 & 0\\
0 & 0 & 0.85 & 0.15 & 0
\end{bmatrix}
\quad
\boldsymbol{R}_{10}=\begin{bmatrix}
0 & 0 & 0 & 0.70 & 0.30\\
0 & 0.80 & 0.20 & 0 & 0\\
0 & 0 & 0 & 0.40 & 0.60\\
0 & 0 & 0.15 & 0.85 & 0\\
0 & 0 & 0.70 & 0.30 & 0\\
0 & 0.35 & 0.65 & 0 & 0\\
0 & 0 & 0 & 0.45 & 0.55\\
0 & 0 & 0.20 & 0.80 & 0\\
0 & 0 & 0.10 & 0.90 & 0\\
0 & 0 & 0.65 & 0.35 & 0
\end{bmatrix}
$$

继而得到各指标的模糊评价向量为：

$$\boldsymbol{B}_1=[0, 0, 0.035, 0.325, 0.65]$$
$$\boldsymbol{B}_2=[0.405, 0.44, 0.14, 0.015, 0]$$
$$\boldsymbol{B}_3=[0, 0, 0.075, 0.73, 0.195]$$
$$\boldsymbol{B}_4=[0, 0, 0.15, 0.69, 0.16]$$
$$\boldsymbol{B}_5=[0, 0.105, 0.315, 0.485, 0.095]$$
$$\boldsymbol{B}_6=[0, 0.045, 0.54, 0.405, 0.01]$$
$$\boldsymbol{B}_7=[0, 0.205, 0.49, 0.265, 0.04]$$
$$\boldsymbol{B}_8=[0, 0, 0.12, 0.48, 0.4]$$
$$\boldsymbol{B}_9=[0.2, 0.15, 0.415, 0.285, 0.03]$$
$$\boldsymbol{B}_{10}=[0, 0.115, 0.265, 0.475, 0.145]$$

转换成分值形式为：

$\boldsymbol{C}_1=97$；$\boldsymbol{C}_2=67.7$；$\boldsymbol{C}_3=91.2$；$\boldsymbol{C}_4=90.1$；$\boldsymbol{C}_5=86$；$\boldsymbol{C}_6=83.8$；$\boldsymbol{C}_7=81.4$；

$C_8=92.8$；$C_9=84.3$；$C_{10}=86.5$。

从得到的重要性分值可以看出，指标 2 的重要性过小，因此应考虑予以筛除。另外，对于由相关性分析得到的相关度较大的两对指标，即指标 3 和指标 4 以及指标 9 和指标 10，可根据计算所得到的重要性分值的大小，在定性分析的基础上决定指标的取舍或合并，因此，这里根据指标的重要性程度和指标的实际意义，将指标 4 和指标 9 筛除。

最后，得到的最终评价指标体系如图 2.4 所示。

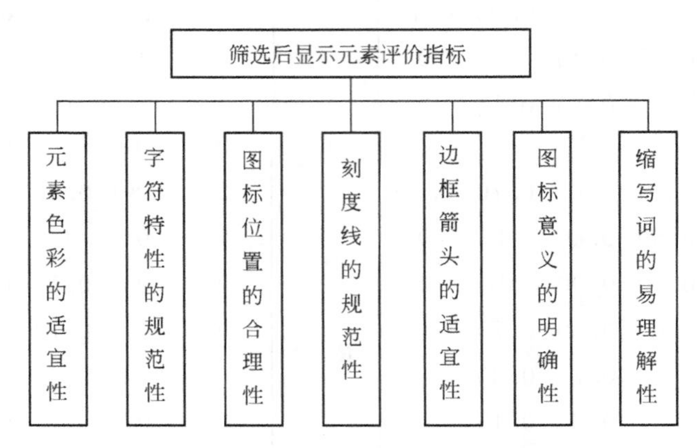

图 2.4　筛选后的显示元素评价指标

为验证所得到的评价指标体系的有效性，利用灰色关联分析对筛选前后的评价指标体系进行有效性分析。

首先，针对同一个评价对象，利用专家咨询的方式给出筛选前各评价指标的评价分值，构成的评判矩阵如下：

$$
\boldsymbol{X}=\begin{bmatrix}
8.2 & 7.8 & 8.6 & 8.5 & 7.7 & 6.9 & 8.4 & 8.9 & 8.1 & 7.6 \\
6.3 & 6.7 & 6.5 & 7.1 & 7.8 & 6.4 & 5.6 & 7.3 & 7.4 & 7.1 \\
8.7 & 8.6 & 8.5 & 7.8 & 8.3 & 8.4 & 8.8 & 8.6 & 8.5 & 8.6 \\
8.2 & 8.8 & 8.6 & 7.9 & 8.5 & 8.6 & 8.5 & 8.4 & 8.2 & 8.8 \\
9.1 & 9.3 & 8.8 & 9.2 & 9.7 & 8.4 & 8.6 & 8.8 & 9.2 & 9.5 \\
8.9 & 8.9 & 9.6 & 9.7 & 9.8 & 9.4 & 8.9 & 9.7 & 8.9 & 8.6 \\
7.8 & 7.4 & 7.9 & 7.3 & 7.5 & 7.7 & 7.9 & 8.1 & 8.3 & 8.5 \\
9.1 & 9.6 & 8.8 & 8.4 & 8.5 & 8.7 & 8.3 & 8.2 & 9.6 & 8.1 \\
8.3 & 8.7 & 8.2 & 8.1 & 7.8 & 8.6 & 8.7 & 8.8 & 8.1 & 8.5 \\
8.4 & 8.5 & 8.3 & 8.2 & 7.6 & 8.7 & 8.6 & 8.6 & 8.2 & 8.4
\end{bmatrix}
$$

然后，计算筛选前的初始评价指标体系中各指标信息与参考信息的关联系数矩阵为：

$$\xi=\begin{bmatrix} 0.842 & 0.735 & 0.581 & 0.634 & 0.664 & 0.384 & 0.693 & 0.469 & 0.968 & 0.610 \\ 0.879 & 0.470 & 0.896 & 0.732 & 0.804 & 1.000 & 0.667 & 0.612 & 0.470 & 0.570 \\ 0.781 & 0.871 & 0.990 & 0.529 & 0.817 & 0.917 & 0.707 & 0.871 & 0.985 & 0.812 \\ 0.417 & 0.621 & 0.490 & 0.359 & 0.500 & 0.533 & 0.500 & 0.469 & 0.417 & 0.621 \\ 0.960 & 0.778 & 0.758 & 0.859 & 0.561 & 0.557 & 0.644 & 0.758 & 0.859 & 0.654 \\ 0.818 & 0.703 & 0.712 & 0.712 & 0.607 & 0.862 & 0.703 & 0.660 & 0.703 & 0.563 \\ 0.958 & 0.621 & 0.932 & 0.570 & 0.677 & 0.842 & 0.932 & 0.735 & 0.610 & 0.519 \\ 0.545 & 0.840 & 0.661 & 0.691 & 0.386 & 0.596 & 0.326 & 0.565 & 0.517 & 0.691 \\ 0.910 & 0.706 & 0.811 & 0.732 & 0.570 & 0.719 & 0.706 & 0.645 & 0.732 & 0.869 \\ 0.939 & 0.835 & 0.951 & 0.836 & 0.505 & 0.693 & 0.758 & 0.758 & 0.836 & 0.939 \end{bmatrix}$$

根据式(2-14)～式(2-17) 得到各指标的效度为 $\varepsilon_1=0.658$；$\varepsilon_2=0.710$；$\varepsilon_3=0.832$；$\varepsilon_4=0.492$；$\varepsilon_5=0.738$；$\varepsilon_6=0.704$；$\varepsilon_7=0.739$；$\varepsilon_8=0.581$；$\varepsilon_9=0.736$；$\varepsilon_{10}=0.805$。该评价指标体系的效度为 $\varepsilon=0.699$。

筛选后的评价指标体系中各指标信息与参考信息的关联系数矩阵为：

$$\xi=\begin{bmatrix} 0.828 & 0.715 & 0.557 & 0.611 & 0.642 & 0.361 & 0.672 & 0.444 & 0.965 & 0.586 \\ 0.868 & 0.446 & 0.887 & 0.712 & 0.788 & 1.000 & 0.644 & 0.589 & 0.446 & 0.549 \\ 0.763 & 0.859 & 0.989 & 0.505 & 0.802 & 0.909 & 0.686 & 0.859 & 0.984 & 0.859 \\ 0.956 & 0.761 & 0.739 & 0.847 & 0.537 & 0.532 & 0.622 & 0.739 & 0.847 & 0.631 \\ 0.803 & 0.682 & 0.691 & 0.691 & 0.583 & 0.850 & 0.682 & 0.638 & 0.682 & 0.538 \\ 0.954 & 0.597 & 0.926 & 0.545 & 0.656 & 0.829 & 0.926 & 0.715 & 0.586 & 0.494 \\ 0.934 & 0.821 & 0.947 & 0.823 & 0.480 & 0.672 & 0.739 & 0.739 & 0.823 & 0.934 \end{bmatrix}$$

相应的各指标的效度为 $\varepsilon_1=0.638$；$\varepsilon_2=0.693$；$\varepsilon_3=0.822$；$\varepsilon_4=0.721$；$\varepsilon_5=0.684$；$\varepsilon_6=0.723$；$\varepsilon_7=0.791$。筛选后的评价指标体系的效度为 $\varepsilon=0.725$。

我们认为，当指标的效度在 0.6 以上即认为利用该指标体系来评判时专家的认识具有较好的一致性，满足评价指标体系的有效性要求。其值越大，有效性越高。从上面计算的结果可以看出，筛选前个别指标的有效性相对较低，但总的来说，筛选前后的指标体系都基本满足有效性的要求，而且经筛选后的指标体系的有效性与筛选前相比稍有提高，说明所建立的评价指标体系是有效的，利用所提出的多因子综合算法进行评价指标筛选是合理、可行的。

为了进一步说明利用灰色关联分析进行有效性检验的合理性，现以筛选后的评价指标体系中指标 1 和指标 3 为例进行分析，将各专家对指标 1 和指标 3 评判的评分值用曲线表示出来，如图 2.5 所示。

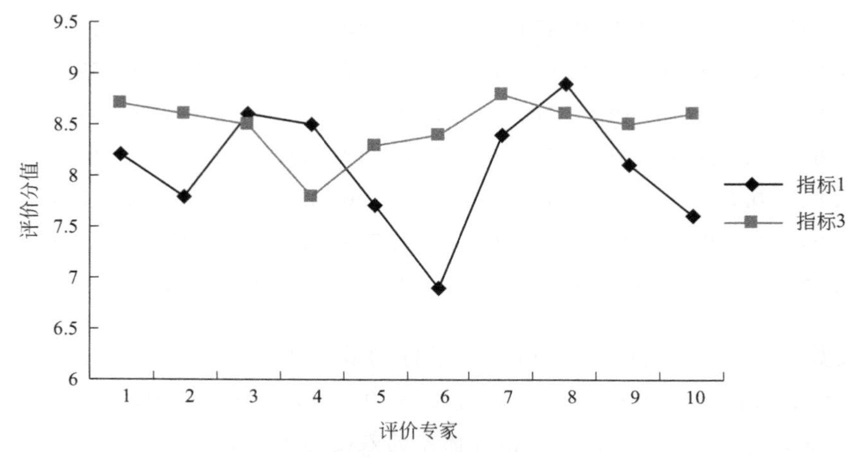

图 2.5　指标的评价分值一致性比较曲线

从图 2.5 中可清楚地看出，指标 3 的曲线比指标 1 的曲线平滑，说明各专家对指标 3 的信息认识的一致程度比对指标 1 的信息认识的一致程度高，而利用专家认识一致性好的指标进行评价，其有效性也就高，因此，从图中信息可看出指标 3 的有效性应高于指标 1。而这一分析结论与我们利用灰色关联分析计算得到的结果相吻合，即指标 3 的效度大于指标 1 的效度。以上分析表明，利用灰色关联分析通过曲线几何形状的相似程度来检验评价指标的有效性是合理和可行的。

2.6　本章小结

本章在回顾和分析评价指标筛选方法的基础上，从指标的相关性、重要性和有效性出发，利用灰色关联聚类、模糊分析和灰色关联分析，提出了基于多因子综合算法的评价指标筛选方法。该算法基于多因素同时考虑，既保留了指标体系中较重要的指标，又使各指标间相互独立，使指标体系既全面又不冗余；在此基础上，通过有效性检验对指标体系进一步分析，保证了筛选结果的

科学性和有效性，为复杂系统评价指标的筛选提供了新的途径和思路。同时尝试性地将灰色关联分析应用于评价指标的有效性检验中，从整体的角度，以曲线几何形状的相似程度反映指标的有效性大小，对评价指标的有效性检验进行了探索性的研究，拓宽了灰色关联分析的应用范围，实例分析验证了利用灰色关联分析进行指标体系有效性检验的合理性和可行性。

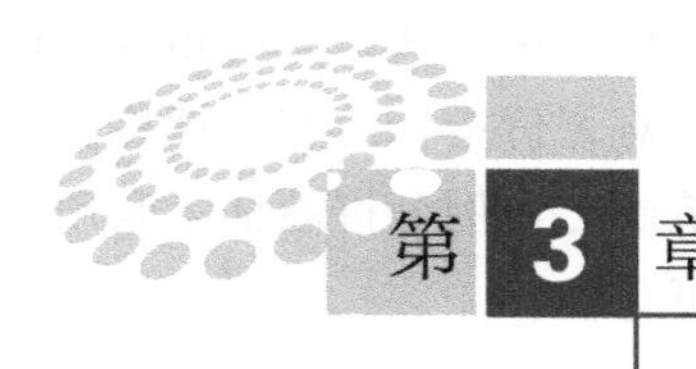

第3章 人机界面评价指标体系的构建

3.1 人机界面设计与评价的准则

3.1.1 人机界面评价指标的基本要求

人机界面评价主要是指显示、控制以及它们之间匹配关系的评价，用于衡量人机界面的设计是否符合人机信息交流的规律和特性。进行人机界面评价能反映人机界面设计的优劣，及时发现设计中存在的问题，并合理修改。人机界面评价指标是依据工效学标准归纳出的有关显示装置、控制装置、作业空间等的设计与评价要求，因此，人机界面评价指标应满足以下几方面的要求。

① 显示是指有目的的信息传递，人体接收信息主要有三个通道：视觉、听觉、触觉，而其中视觉通道是最重要的。要把复杂的信息组织成易懂的视觉的和文字的形式或其他声光形式，运用图形知识和人机因素知识确保需要的信息和得到的信息相匹配，因此，评价指标要涉及设计是否考虑：

a. 传递信息的内容和方式；

b. 传递信息的目的或功能；

c. 显示装置的类型；

d. 传递信息的对象。

② 控制器是指操作人员用于改变系统状态的装置。人的控制输入主要通过动作和语言来完成，因此评价指标要涉及控制器设计是否考虑：

a. 控制的功能；

b. 控制操作的作业标准；

c. 控制过程的人机信息交换；

d. 人员的作业负荷。

③ 作业空间也是人机界面设计的内容，主要参考人体尺寸的数据，设计时是否考虑：

a. 动态作业空间；

b. 有效作业空间；

c. 一般人体尺寸的静态计算范围。

根据我国国标规定，工作系统设计的人类工效学一般指导原则如下：

(1) 工作空间和工作设备的设计

① 相对于人体尺寸的设计。工作空间与工作设备的设计，应考虑到受人体尺寸和工作过程的限制。

工作空间应适合于操作人员，特别是：

a. 工作高度应符合操作人员的人体尺寸和所执行的工种的要求。座位、工作面或工作台应按人体最佳姿势，即躯体直立、合适的身体承重、肘臂置于身体两侧及前臂保持大致水平等要求进行设计。

b. 座位的布置应按人体解剖学和生理学的特点进行调整。

c. 为了便于人体的运动，特别是头部、双臂、双手、双腿和双脚，应留有足够的活动空间。

d. 各种控制器应在人所能到达的有效作用范围内。

e. 把手和手柄应适应手的骨骼功能。

② 相对于人体姿势、肢体力量和人体运动的设计。工作系统的设计，应避免人体的肢体、关节、韧带、呼吸和血液循环系统出现不必要的或过重的负担。强度要求应在人体生理所能适应的极限范围内。人体的运动应遵循自然规律。人体的姿势、作用力和运动，应相互协调一致。

人体姿势主要应考虑下列内容：

a. 操作者应能交替进行坐与站立。如果必须选择其中一种姿势时，通常选择坐姿，而站立可按工作过程确定。

b. 需要肢体发挥很大力量时，应通过选择适当的人体姿势和设置合适的坐席，缩短和简化整体人体的力矩或扭矩的矢量链。

c. 人体的姿势不应造成肌肉长期紧张而引起工作疲劳，人体的姿势应能交替变换。

肢体力量主要应考虑下列内容：

a. 强度要求应与操作者的体力相一致。

b. 肌肉组织的力量，应足以满足强度的要求，若力量要求过大时，则应在工作系统中采用辅助动力。

c. 应避免肌体的同一部位长时间地处于紧张状态。

人体运动应考虑下列内容：

a. 人体应优先选择运动，而不应选择长期不动；人体在运动中，应建立良好的平衡。

b. 人体运动的范围、强度、速度和步调应相互可调。

c. 具有高准确度要求的运动，不应使肢体力量造成过重的负担。

d. 若适用，应采用适当的导向装置，以便于运动的执行和顺序。

③ 信号、显示器和控制器的设计。信号与显示器应按照适合于人类感官特性的方式进行选择、设计和布置。特别是：

a. 信号与显示器的特征与数量，应与信息的特性相一致。

b. 相对显示器集中的地方，为了清楚地辨认信息，显示器应按能清楚、快速地提供可靠方位的方式布置在空间里。它们的排列应起到这样一种功能，即既要满足技术规程的要求，又要考虑特殊信息项目使用的重要性和频繁度。具体排列方案可按操作过程的功能和测量形式等情况综合确定。

c. 信号与显示器的设计和特征，应保证醒目直观，尤其是用于危险信号。例如，还应考虑其亮度、形状、尺寸、对比度、起伏度和信噪比等。

d. 信息显示器的变化速率和方向，应与信息源原有的变化速率和方向相一致。

e. 在长期以观察和监控为主的活动中，信号与显示器的设计和布局应避免过载和欠载效应。

f. 控制器的选择、设计和布置方式，应符合人体操作部位（尤其是活动部分）的特性，同时，还应考虑人体的技能、准确度、速度和强度的要求。特别是：

• 控制器的型式、设计和布局应与控制任务相一致，同时，还应考虑人类的特性，包括记忆和固有反应的特性。

• 控制器的移动和控制阻力，应根据控制任务以及生物力学和人体测量数据进行选择。

• 控制动作，设备响应和信息显示应相互协调。

• 控制器的功能应易于识别，以避免相互混淆。

• 在控制器数量多的地方，控制器的布置应达到安全、醒目和快速的操作。具体的布局可采用与信号相同的方式，按照它们在操作过程中的功能和使用中的顺序等进行组合。

• 关键的控制器应有安全设施，以防止发生错误的操作。

(2) 工作环境设计

工作环境的设计与维持，应使其所处的物理、化学和生物条件对人员不产生有害的影响，既能保证人体的健康，又能提高他们的工作能力和效率。同时，还应考虑客观测量和主观评价。

确定工作系统，特别需要注意以下几点：

① 工作间的尺寸（即总体布局、工作空间及工作通道）应能满足要求。

空调应按下列因素调节，例如：

a. 房间内人员的数量；

b. 实际工作所使用的强度；

c. 工作间的尺寸（包括工作设备）；

d. 房间中污染物质的排放；

e. 设备消耗的氧气量；

f. 热环境条件。

② 工作区的热环境条件应按当地的气候条件进行调节。主要考虑如下：

a. 空气温度；

b. 空气湿度；

c. 空气流速；

d. 热辐射；

e. 实际工作所使用的强度；

f. 衣着、工作设备和专用防护设备的性质。

③ 照明设备应满足活动所需要的最佳视觉要求。特别应考虑下列因素：

a. 亮度；

b. 颜色；

c. 光线分布；

d. 眩光与不良反射光的防护；

e. 亮度与色彩的对比度；

f. 操作者的年龄。

④ 房间和工作设备颜色的选择，应考虑亮度的分布、视觉场的性质和结构、安全颜色的识别等影响。

⑤ 对于有声的工作环境，应尽量避免有害或干扰噪声的影响，其中包括外来噪声的影响。主要考虑以下因素：

a. 声压级；

b. 频谱；

c. 持续时间的分布；

d. 声信号的识别；

e. 声音清晰度。

⑥ 传输到人体的振动与冲击，不应达到引起人体损伤、病理反应或感觉不正常的程度。

⑦ 应避免工作者直接暴露于危险器材和有害辐射环境之中。

⑧ 在进行室外工作时，应采取适当的防护，以防止不利气候的影响（例如对热、冷、风、雨、雪或冰的防护）。

3.1.2 控制室评价的准则

人机界面设计及评价要求与设计对象有关，由于各行业、领域有自己的行业及工效学标准，因此不同的行业、领域的人机界面评价指标在满足上述要求的前提下，其具体标准会有所不同。例如，舰桥人机界面设计与评价可选用 ISO 8468—2007 *Ship and Marine Technology—Ship's Bridge Layout and Associated Equirement—Requirements and Guidelines*，核电站人机界面的设计与评价可参考 Nureg-0700 *Human—System Interface Design Review Guidelines* 以及我国电力行业标准中关于控制中心人机工程设计导则。

以核电厂主控室人机界面设计为例，控制室系统设计体现的人机关系主要方面如下：台盘设计；操作规程；人员要求和结构；工作空间的布置；控制室的工作环境；通信设施；完成作业的辅助设施等。

为了评价人机接口与控制室其他组成部分之间以及人机接口自身的交互作用，制定了相应准则。

(1) 一般评价准则

评价应涉及下列具体目标：

① 确定控制室所提供的系统状态信息、控制手段、反馈和必要的辅助装置，是否能使操作员在正常（包括关闭状态）、异常或紧急情况下有效实现其功能和任务；

② 鉴定现有的控制室仪表、控制器、显示器、其他设备和物质，其配置特点是否会因操作员操作而损坏。

（2）控制室与操作员交互作用的评价

① 分配给控制室工作人员和自动装置的各项功能，其组成的功能顺序应具有一致性和完整性。

② 在功能要求中所提出的操作原则应统一用于所有的控制功能，以使操作特性相似的各子系统可进行相同的操作。

③ 分配给控制室工作人员的任务应在人的能力限度之内。要求过快、过慢或复杂的控制及信息处理任务，不应分配给操作员。

④ 考虑到人的个体差异，与操作员能力限度有关的因素宜留有足够的裕度（例如时间限度）。

⑤ 在视觉、听觉、触觉和振动等方面，对操作员敏感能力的要求应在规定的限度之内。

⑥ 对操作员在操作中的位移、伸展、操作、体力和耐力等方面的活动能力的要求应在人的体能耐受限度之内。

⑦ 操作的思维处理负荷应在他们的能力变化限度内。在信息处理、感觉、信息记忆的持久力（短时和长时）和记忆的容量等方面，由于警觉与疲劳程度不同，其能力也随之变化。

⑧ 工作于异常的温度、湿度和压力，异常的照明（照度、对比度、眩光等），控制室内异常的噪声和声学特性，有毒和辐射等不利的环境中，操作员的工作负荷应在他们的工作能力之内。

⑨ 分配给操作员的任务应适当，工作负荷不超出操作员的能力限度。

⑩ 在各种运行状态及其变化过程中，操作员执行其任务所需的全部信息应容易接收到，并应提供所需的控制设备。在手动控制情况下，向操作员充分提供系统的反馈信息。

⑪ 如使用屏幕显示，信息应易于检索。同一时刻所需的不同变量的信息，只要可能，宜同时显示在同一屏幕显示器上。为获得稳定而清晰的图像，显示系统宜具有足够的显示面积和分辨率。键盘和其他操作设备应使信息系统简单而可靠操作。显示格式应符合公认的标准。显示的信息应清晰易懂。

⑫ 显示信息的模式（例如引进计算机和显示屏的控制室）所引起的某些问题，特别是与操作员视觉能力有关的问题（视觉疲劳、阅读能力、对比效应等），应对其进行评价。

⑬ 核准应包括对改善操作员认知特性的评价，应通过适当的试验，评价操作员认知特性的改善。操作员的认知活动可分为：发觉和观察系统状态变化；对变化作出诊断并考虑纠正措施；选择和执行控制动作（可根据操作

规程）。

⑭ 核准应包括工作站布置和环境的评价，即设置的场所、安装的通话设备及环境特征（温度、噪声、照明），应使操作员能舒适和有效地工作。

⑮ 对人机接口的评价，一方面应验证对话和信息表达模式（就其内在逻辑、选择的交互作用和效能来说）彼此之间是相关和协调的；另一方面应验证工作站所具备的可用信息和操作方法是恰当和有效的。

⑯ 控制室人员配备应与安全和可靠运行的要求一致，并与操作规程和培训大纲相适应。

(3) 控制室与操作规程交互作用的评价

操作规程应与人机接口和预期的系统响应要求相适应，它包括控制室的全部预期的任务和功能序列。操作规程的陈述应正确、完整和一致，并易于理解。其评价准则如下：

① 能否按规定的顺序执行规程中规定的操作；

② 是否有替代的有效途径未包含在被评审的规程中；

③ 在规定的时间内，能否完成规程中规定的动作；

④ 从所配置的以表中，操作员能否获得规程中所要求的必需信息；

⑤ 配置的仪表与显示设备能否提供足够的冗余信息，供操作员选用；

⑥ 操作员为完成任务，是否必须使用规程中未规定的信息或设备；

⑦ 控制室中显示的系统工况是否与规程中秒速的同一工况相一致；

⑧ 操作员能否按提供的标记、缩写、符号和地址信息找到正确的设备；

⑨ 仪表的量程是否与规程中说明的测量数值一致；

⑩ 规程使用中是否要求操作员承担过重的记忆负荷；

⑪ 应急操作规程是否容易与其他规程相区分（颜色、外形、位置）；

⑫ 规程与控制室的实际情况是否协调；

⑬ 控制室中是否有放置规程的适当部位，装订成册的规程在打开后能否平放在规定位置上；

⑭ 装订成册的规程是否太大或太重，使用是否方便。

(4) 控制室与培训大纲交互作用的评价

培训大纲与操作规程和人机接口的要求相符，应为操作员提供系统安全与可靠运行所需的技能与知识，包括处理非预期事件。其评价准则如下：

① 借助现有的控制与显示装置，能否保证系统和所有设备的安全与正确运行；

② 是否会由于对系统中的任一系统或设备缺乏了解而产生不正确的操作；

③ 对报警的响应（例如光字牌的指示），能否采取相应的操作；

④ 来自控制器和显示器的信息是否会被误解；

⑤ 控制器和显示器是否会引起错误的结论；

⑥ 培训能否弥补控制室或规程的设计缺陷。

(5) 操作员与控制室内外人员交互作用的评价

应检验控制室设计对完成班组集体工作和组织的需求的适应性，应特别注意工作站的组织，涉及的评价由两部分组成：

① 控制室操作员个人活动的组织结构（分配给他们的任务、他们之间的配合）；

② 操作员和控制室外人员（辅助操作员、维修人员、管理人员）之间的关系，特别是运行人员与其他控制点以及位于控制室之外人员之间的通信必须方便。

(6) 具体的评价准则

① 控制。

a. 常规控制器。

• 控制器的尺寸应满足人类工效学标准；

• 控制器的位置易于触及；

• 表面有防滑处理；

• 激活后有显示；

• 控制器尺寸、外形、颜色、间距适宜；

• 同类控制器颜色、外形、编码一致性；

• 易于识别；

• 转动方向符合人的认知特性；

• 控制器的类型与用途相符合；

• 控制位置有标志。

b. 以计算机为基础的输入设备。

• 键盘的厚度、尺寸适宜；

• 键盘总体布置合理；

• 具有指针控制能力；

• 键盘外形、颜色、尺寸一致性；

• 易于识别；

• 键表面粗糙处理；
• 键盘、鼠标设计宜人性；
• 功能键可用性；
• 功能键分组合理；
• 鼠标易于操纵、左右手都适合；
• 能实现相应功能。

c. 控制台。

• 控制台尺寸、空间满足人体尺寸；
• 能保证显示信息的可见度；
• 能保证控制元件的可操作性；
• 具有足够的工作空间；
• 台面布置简洁合理性；
• 控制台的颜色适宜。

d. 软控制系统。

• 在各不同操作者之间具有同等性；
• 能清晰表明控制系统成员之间关系；
• 各控制器所选项有明显区别，易于识别；
• 能清楚表明控制的哪一个元件；
• 软控制与过程显示协同；
• 输入格式适当；
• 有足够的显示面积；
• 选择行为完成前反馈；
• 具有过时缓解方法；
• 能减少无意识激活的可能性。

② 显示。

a. 常规显示系统。

• 仪表盘视角、刻度及字符间距、刻度线宽度及长度符合人机工程学标准；
• 数字读出方向符合认知特性；
• 变化数字的显示变化率适宜；
• 色彩匹配得当；
• 类型与用途的一致性；
• 信息显示的可用性；

- 表盘形状、大小适宜；
- 显示信息简单、无多余信息；
- 相同功能仪表一致性；
- 信息易读性；
- 光字牌数字字符视角、表盘视角、字符间距符合人机工程学标准；
- 指示灯色彩意义明确；
- 指示灯与背景（照明）对比鲜明；
- 指示灯信息一致性；
- 指示灯形状、光强度合适；
- 显示信息易于识别。

b. 大屏幕显示界面。

- 显示元素易于识别；
- 数字字符形体适宜；
- 字符数字结构参数适宜（字符高、宽等）；
- 缩写规范、易懂、便于记忆；
- 技术术语的使用恰当；
- 标注、格式、措辞一致；
- 图标的使用恰当；
- 显示元素的使用符合惯例；
- 数字书写方式规范、易读；
- 刻度线方向符合认知特性；
- 线类型和箭头的使用恰当；
- 色彩匹配；
- 背景对比，应易于读数；
- 显示形式与用途相符合；
- 标准的文本格式；
- 文本表达清楚、简练；
- 文本语态、时态得体；
- 文本间距适宜；
- 图标结构合理；
- 表格间距一致；
- 图标编号合理；
- 图标排列规范；

• 数据格式一致；
• 相应输入后有提示；
• 数据排列的对齐方式合理；
• 柱状图参照点位置、定位方向适宜；
• 显示的信息易于理解；
• 显示信息与人的习惯相一致；
• 信息显示清晰；
• 关键信息警告提示；
• 相关信息分组合理；
• 显示信息具有可读性；
• 信息编码合理一致；
• 有足够的显示面积；
• 显示信息以控制需求一致；
• 信息更新率适当；
• 显示信息具有精确性；
• 重要信息突出显示；
• 系统交互具有公开性；
• 各观察者视野等同；
• 照明适当；
• 系统交互满足最大最小观测距离；
• 信息激活有提示；
• 信息能实现共享；
• 系统交互与惯例相兼容。

c. 计算机监控界面。

• 界面风格一致性；
• 界面视觉一致性；
• 界面认知一致性；
• 界面设计有序、简单；
• 界面色彩搭配合理；
• 界面布局合理；
• 界面区域划分明细；
• 界面分组合理；
• 各界面层次结构合理；

- 界面线条清晰；
- 显示的图标易识别；
- 信息层次与人的期望一致；
- 显示信息清晰；
- 重要信息突出显示；
- 术语使用一致；
- 术语易懂、熟悉；
- 图标具有一致性；
- 文字简洁准确；
- 信息表达方式合理；
- 信息显示与任务相关；
- 具有用户出错的告知能力；
- 帮助信息完整；
- 交互风格与用户期望一致性；
- 上下文相关性；
- 帮助信息的易理解性（措辞简明）；
- 帮助信息的可用性；
- 获取信息的可用性；
- 易于获取帮助信息；
- 系统反馈的有效性；
- 避免错误的有效性；
- 便于记忆的难易程度；
- 整体结构符合人的认知过程；
- 学习的难易程度；
- 信息编排的逻辑性；
- 联机帮助内容的适宜性；
- 提供联机手册的完整性；
- 提供参考资料的易懂性；
- 联机求助的方便性；
- 图显示元素含义明确性；
- 系统响应能力；
- 信息反馈能力；
- 系统控制的灵活性；

- 系统兼容性；
- 系统可靠性；
- 系统使用的满意度；
- 系统功能的完整性；
- 系统灵活性程度；
- 操作员紧张度；
- 操作员思维工作量；
- 信息显示的充分性；
- 显示信息的数量适宜；
- 编码的易识别性；
- 编码方式合理性；
- 重要信息采用的通道显示合理；
- 险情信息易察觉；
- 报警信号突出性；
- 采用防误操作保护。

d. 报警系统。

- 报警信号的有效性；
- 信息的易察觉性（在可视范围内）；
- 编码有效性；
- 状态显示合理性；
- 警告信息内容含义明确；
- 警告信息内容格式一致；
- 警告信息内容易懂、使用标准术语；
- 颜色、亮度使用合理性；
- 与其他人机系统界面的一致性。

③ 作业交互。

a. 通信系统。

- 通信的可达到性；
- 通信的灵活性；
- 通信的设施使用舒适性；
- 通信装置布置合理。

b. 作业环境。

- 适宜的室温范围；

• 适宜的湿度；
• 适宜的空气质量；
• 适宜的辐射；
• 适宜的空气速率；
• 照明水平均分性；
• 充足的照明；
• 亮度比例适宜；
• 避免阴影；
• 无眩光、反射；
• 避免使用有色照明；
• 对比度适宜；
• 无异常噪声；
• 噪声水平适宜；
• 无背景噪声。

c. 作业空间。

• 使用仪器/设备的可达到性；
• 设备布置便于观察；
• 空间布置便于通信；
• 空间布置的通路畅通；
• 足够的活动范围；
• 足够的心理空间；
• 控制台、座椅间距适宜。

d. 盘面设计。

• 显示器的视距、高度合理；
• 常用的主要显示器在最佳视野内；
• 分区方式合理、区域明显；
• 显示器排布符合人的视觉特性；
• 与相应的操作控制器保持对应；
• 排列后信息的易识别性；
• 功能相近的显示器排列方式具有一致性；
• 盘面标志的有效性；
• 识别编码的合理性；
• 编组方式符合人的认知特性；

- 显示器布置使视野尽量小；
- 仪器、仪表显示的色彩配置；
- 控制器高度、间距合理；
- 控制器排布位置优先权的合理考虑；
- 控制器编组方式与思维方式一致；
- 控制器各组之间区域清楚明确；
- 操纵动作无空间干涉；
- 控制器的空间易达性；
- 控制器的位置有利于编码的识别；
- 控制器的排列适合人左右手的能力；
- 紧急控制器位置醒目；
- 紧急控制器易触及性；
- 紧急控制器应远离其他常用控制器；
- 识别编码的合理性；
- 识别编码的相容性；
- 同一显控元件具有接近性；
- 显控组合运动方向符合惯例；
- 显控组合编码一致性；
- 信息表达与控制的协调性；
- 显控组合按适当分组原则分组；
- 显控组合按顺序排列符合人的认知特性；
- 显控组合色彩匹配；
- 显示器与控制器适当间距；
- 避免镜像排列；
- 控制通路畅通。

3.2 人机界面评价指标的分类

人机界面评价指标通常可分为定性评价指标和定量评价指标两种类型。

(1) 定量评价指标

定量评价指标通常是依据人机界面设计与评价的工效学标准归纳出的数据类信息，在标准中明确规定了这类信息的参考数值，例如操纵装置设计时，按

钮的尺寸、间距等就属于定量评价指标。这类评价指标通过专用的测量装置即可获得其实际数值，然后利用实测数值与参考数值相对照的方式完成评价。定量评价指标涉及尺寸、角度、力、速度、温度、噪声、亮度等方面。

(2) 定性评价指标

定性评价指标是依据人机界面设计与评价的工效学标准规定的指导性原则提炼出的指标信息。该类指标无法得到准确的数据，只能依靠人的主观感受评价其是否满足工效学要求。定性评价指标通常需要采用定性评价的方法进行评价。

3.3 人机界面评价指标体系构建的意义

人机界面评价指标体系的构建是人机界面评价的基础和关键，是人机界面评价的制约因素，其最终目标是用于指导人机界面的设计，实现“机宜人”“人适机”。人机界面评价指标体系要遵循工效学标准的要求，不同的领域有不同的工效学标准，本书以核电厂主控室人机界面评价为例，利用核电站人机界面评价的工效学标准及相关的行业标准，构建核电厂主控室人机界面评价指标体系。

主控室是对核电厂进行监视、控制和操纵的场所，是核电厂的枢纽，其主要目标是保障核电厂在各种运行情况下安全和有效地运行，主控室为核电厂操纵员提供了实现电厂运行目标所必需的人机交互界面和相关的显示、控制设备。为了实现核电厂主控室人、机、环境之间的相互协调，保证操纵员工作的高效性、舒适性和安全性，应充分运用人机工程学原则，使人机界面的设计能满足操纵员的生理及心理特征。评价是衡量人机界面设计是否满足人机工程学要求的有效方式，人机界面评价已成为人机界面研究的一个热点。

随着数字化技术的发展，核电厂主控制室中已经引入先进的全数字化仪控系统，人机界面的自动化程度越来越高，功能也越来越强大，相应地人机界面的设计和评价也变得越来越复杂，而科学、适用的人机界面评价指标体系是正确、客观评价的前提和基础。因此，针对数字化仪控系统建立科学、适用的评价指标体系显得尤为重要。到目前为止，尚无公开报道的、适合中国国情的、满足中国人心理和生理特点的、全面的核电厂主控室人机界面评价指标体系。因此，根据中国国情，科学、客观、全面地建立核电厂主控室人机界面评价指标体系是对主控室人机界面正确评价的首要任务，对建立科学的评价系统具有重要的意义。

3.4 核电厂主控室人机界面评价的相关标准

3.4.1 国外的相关标准

(1) ISO颁布的相关标准

国际标准化组织（International Organization for Standardization，ISO）是一个由世界各国的标准制定机构组成的技术组织，国际人类工效学标准化技术委员会（代号ISO/TC 159）是国际标准化组织的一个下属机构，负责制定与人机工程学相关的国际标准，目的是让人们在设计初期阶段就充分考虑人机工程原则，为工作者提供舒适的工作条件，保障工作的安全、高效。

ISO/TC 159最早颁布的人机工程学标准是ISO 6385：1981，最新修订为ISO 6385：2016，规定了工作系统设计应遵循的人机工程学原则，分别从工作空间、工作设备、工作环境、工作过程等几个方面阐述了进行最佳工作条件设计的一般指导原则，此标准不但适用于工业领域，也适用于人类活动的其他领域。

ISO 9241系列标准是关于办公环境下视觉显示终端的人机工程学国际标准，共包括17个部分，根据人机工程学和可用性原理，规定了包括键盘、工作台布置及姿势要求、工作环境、信息显示颜色、对话原则等在内的各种硬件和软件界面设计的要求和指导原则。视觉显示终端（VDT）是现代工业中使用最广泛的设备，也是核电厂主控室中的重要设备，因此，ISO 9241的适用范围较广，可以算是ISO/TC 159颁布的覆盖面最宽的人机工程学标准。

ISO 13407是进行以用户为中心的交互式系统设计的国际标准，阐述了以用户为中心的设计的理由、原则以及设计过程中应考虑的问题等，目的是为使更多的设计相关人员认识到人机工程学在设计中的作用。

ISO 11064系列标准是关于控制中心设计的人机工程学国际标准，该标准针对控制中心设计过程中所应考虑的人机工程学准则，在各个不同的层次上制定了详细的规则和建议，分别涉及控制中心的设计原则、控制序列排列的原则、控制室布置、工作站的布置和尺寸、显示和控制、控制中心的环境要求、控制中心的评定原则等方面，其中ISO 11064-1：2000至ISO 11064-7：2006已经正式颁布，ISO 11064-8还尚未公布。此标准不仅适用于各种非运动的控

制室，也可以延伸至一些运动的控制室，使用过程中使用者应根据不同的应用场合做出相应的调整，ISO 11064 是 ISO/TC 159 针对控制中心制定的较全面的人机工程学标准，可用于指导控制中心的人机工程学设计与评价。

ISO 9355 系列标准规定了显示器和控制调节器设计的人机工程学要求，该标准由 ISO 9355-1：1999、ISO 9355-2：1999、ISO 9355-3：2006 三个部分组成，内容涉及用户与显示器和控制器的相互作用、显示器的选择和设计、控制器的设计等方面应遵循的人机工程学原则，为各种显示器和控制器的人机工程学设计和评价提供了依据和准则。

上述标准均为 ISO 制定的与控制室设计相关的人机工程学标准，对指导控制室的设计和评价起着重要的作用，但 ISO 制定的相关标准中还没有直接针对核电厂主控室设计的标准，因此，在应用上述标准时，还应该根据具体的应用场合具体分析，根据具体情况结合其他的相关标准、规则做出必要的调整。

(2) USNRC 颁布的相关标准

美国核管理协会（U. S. Nuclear Regulatory Commission，USNRC）率先提出了应用人机工程学原则设计核电厂主控室，并制定了一些与人机工程学相关的核电厂主控室设计标准，1981 年制定了 NUREG 0700，并于 2002 年对此标准进行了修订，NUREG 0700—2002 基于人机工程学的角度阐述了核电厂主控室人机界面设计和评价的指导原则，该标准主要包括 4 个部分，内容涉及显示和控制等基本元素、报警系统、大屏幕显示系统、计算机支持系统、通信系统等诸多方面，是目前针对核电厂主控室人机界面设计和评价考虑因素比较全面而且针对性较强的标准。NUREG 0711—2004 是关于审查核电厂人因工程程序的标准，目的是为确保采用适当的指导方针和规程来指导核电厂的人因工程实践。NUREG 0800—2004 用于审查核电厂的设计和运转是否满足核管会制定的相关标准，其中也包括对人因设计标准的审查。

(3) IEEE 颁布的相关标准

美国电气和电子工程师协会（Institute of Electrical and Electronics Engineers，IEEE）是世界上较大的专业学术组织，具有制定标准的权限，设有专门的标准工作委员会负责标准的研究和制定。随着人因因素在核电厂主控室设计中的作用愈来愈显著，IEEE 也制定了一些相关的标准以指导控制室的人机工程设计。IEEE 845—1999 规定了核电厂控制室人机特性评价的指导原则，概略地介绍了人机特性评价的概念、特征及评价技术，适用于核电厂控制室人机特性的审评以及人机特性评价技术和方法的选择等方面。IEEE 1023—2004是在核电站及其他核装置的系统和设备中应用人机工程学的推荐实施规程，为人机工程学在核电厂的应用提供了指导原则。IEEE 1289—2004是关于核电站中计算机监控界面设计的人机工程设计指导准则，此标准从人机工程学的角度对计算机监控界面设计中涉及的系统设计、信息显示、控制技术等方面做了详细的规定。

(4) IEC颁布的相关标准

国际电工委员会（International Electrotechnical Commission，IEC），是由世界各国的电工组织组成的国际性标准化组织，IEC制定的标准涉及电力、电子、电信和原子能等方面。在核电厂主控室的人机设计方面也制定了一些标准。1989年制定了IEC 60964，并于2009年进行了修订，此标准规定了控制室设计的一般原则，包括功能设计准则及其技术要求、人机接口设计要求、系统检验与核准原则以及评价准则等，适用于指导核电厂控制室的设计和评价。

3.4.2 国内的相关标准

我国在国外研究成果和现有标准的基础上也制定了一些本土化的人机工程学设计标准。其中包括一些与核电厂主控室人机界面评价相关的现行国家标准，如GB/T 16251—2008《工作系统设计的人类工效学原则》、GB/T 13379—2008《视觉工效学原则　室内工作系统照明》、GB/T 13630—2005《核电厂控制室设计》等标准。此外，各行业又根据自身的行业特点制定了一些与行业相关的人机工程学标准，如机械行业标准JB/T 5062—2006《信息显示装置　人机工程一般要求》、电力行业人机工程设计标准DL/T 575《控制中心人机工程设计导则》等标准。同时，针对核电厂控制室人机界面的设计，国内在参照国外标准的基础上，也制定了自己的核行业标准，如EJ/T 798—1993《核电厂控制室人机特性评价》、EJ/T 759—2000《核电厂控制室　控制器和屏幕显示的作用》等标准，用以指导核电厂控制室的设计和评价。可见，国内与核电厂主控室人机界面设计和评价的相关标准也比较多，但总的来说，这些标准大多是一些指导性的标准，而且涉及的内容过于笼统和分散，不够具体和全面。

综上所述，国内外在人机工程设计方面制定了诸多的标准和规范，这些标准和规范为更好地进行人机工程设计和评价提供了参考和依据。从国外的标准可以看出ISO制定的相关标准相对比较全面，但针对性不强；而其他组织制

定的标准虽然具有针对性，但大多是大纲式的指导性规范，只有 NUREG 0700 详细地对核电厂主控室的人机界面设计做了较全面而又有针对性的规定，可作为人机界面评价的主要参考标准。

尽管国外的标准比较全面，但由于人种和地域的不同，人的心理和生理特征以及工作环境等方面各有差异，因此完全照搬国外的标准显然是不可取的；国内在人机工程设计方面也制定了一些标准，但针对核电厂主控室人机界面设计的标准相对比较笼统，大部分还要借鉴其他行业的标准，不够具体和全面。因此，评价指标体系的构建应在满足中国人的心理和生理特点的前提下，综合考虑国内外的相关标准。

3.5 主控室人机界面评价因素的分析

核电厂主控制室由数字化人机交互系统和常规后备盘构成，设有显示器、操纵器、计算机监控设备、大屏幕显示屏等装置。影响核电厂主控室人机界面设计好坏的因素可分解为硬件界面因素、软件界面因素、工作空间因素以及作业环境因素四个方面，其影响因素间的因果关系可以用鱼刺图表示出来，如图 3.1 所示。

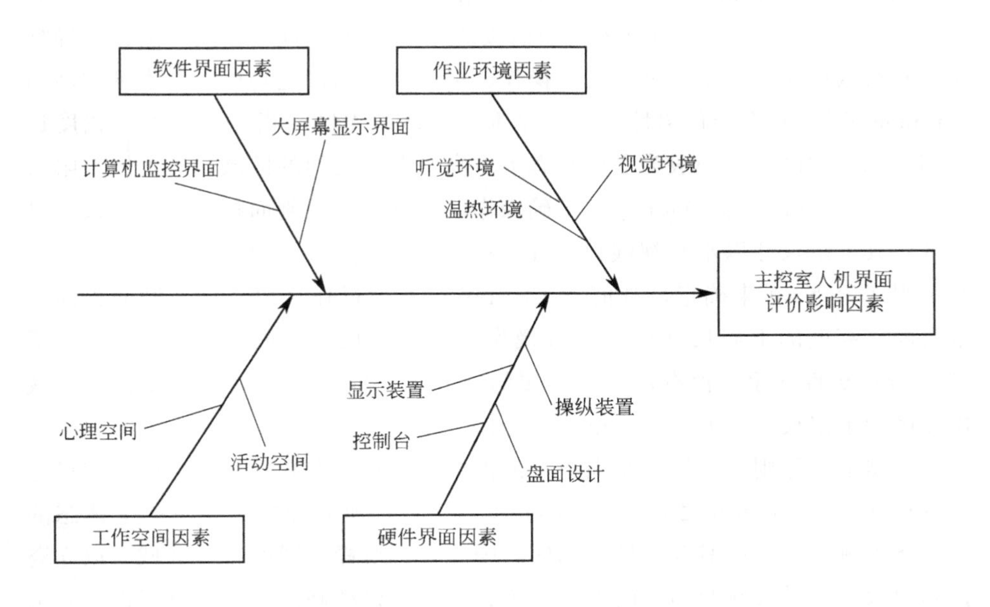

图 3.1　主控室人机界面评价影响因素的鱼刺图

从鱼刺图可以看出，影响核电厂主控室人机界面评价的各因素呈递阶层次关系，每一类主要起因可继续被进一步细分成更深层次的起因。下面就具体的影响因素进行分析。

3.5.1 硬件界面评价因素

(1) 控制台评价因素

核电厂主控室的控制台包括立姿控制台、立姿控制面板和无前仪表板的坐姿控制台。控制台的尺寸参数必须按照中国人的人体尺寸设计，并满足大多数使用者的要求，设计时应综合考虑使用者的手功能触及域和控制台的操作区划分，从而保证使用者操作的舒适性、显示信息的可见性、操纵元件的可操作性。

DL/T 575.3—1999 规定了立姿状态下手最大触及高度的上下限，但 DL/T 575.3—1999中是以第 5 和第 95 百分位男性来计算手功能触及域的上、下限，为了满足大多数使用者的要求，一般应以第 5 百分位女性手可伸展的最大高度为立姿手功能触及域的上限，以第 95 百分位男性手可伸展的最小高度为立姿手功能触及域的下限，如图 3.2 所示。因此，当鞋尖距面板 150mm，并考虑鞋跟高为 25mm 时，手功能触及域的上限为 1765mm，下限为 865mm。

DL/T 575.3—1999 将立姿控制面板的操作区划分为舒适操作区、精确操作区和有效操作区三个部分，三个操作区极限尺寸的确定均以在考虑鞋跟高为 25mm 时的第 50 百分位男性尺寸为基准，舒适操作区是指手臂不做大幅度运动即可触及的区域，一般为立姿状态下肩高和肘高之间的区域，其上、下限尺寸分别为 1400mm 和 1050mm。精确操作区也是立姿控制面板前作业的最佳显示区，其上限尺寸以水平视线以上 15°来确定，其值为 1690mm；下限尺寸以水平视线以下 30°来确定，其值为 1350mm。有效操作区以立姿控制面板前手最大触及高度的上限尺寸作为有效操作区的上限尺寸，取为 1765mm；以第 95 百分位男性在手臂没有弯曲或弯腰的前提下所能触及的最低高度作为有效操作区的下限尺寸，取为 675mm，如图 3.3 所示。

根据上述原则，立姿控制面板上的操纵器应布置在有效操作区内，其尺寸范围在 675～1765mm 之间。重要的操纵器应保证所有操作者在不改变体态的情况下可触及，并应避开最佳显示区，因此，重要操纵器的布置区域应以立姿控制面板前手最大触及高度的下限作为其下限，以精确操作区的下限作为其上限，此范围也基本包含了舒适操作区，其范围应为 865～1350mm。立姿控制

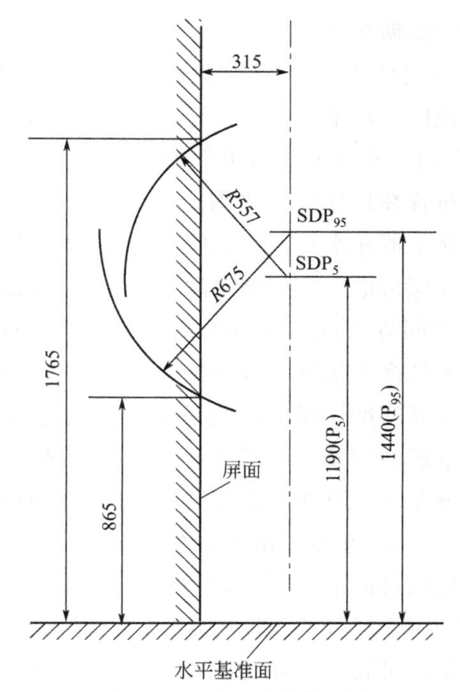

图 3.2 立姿手功能触及域

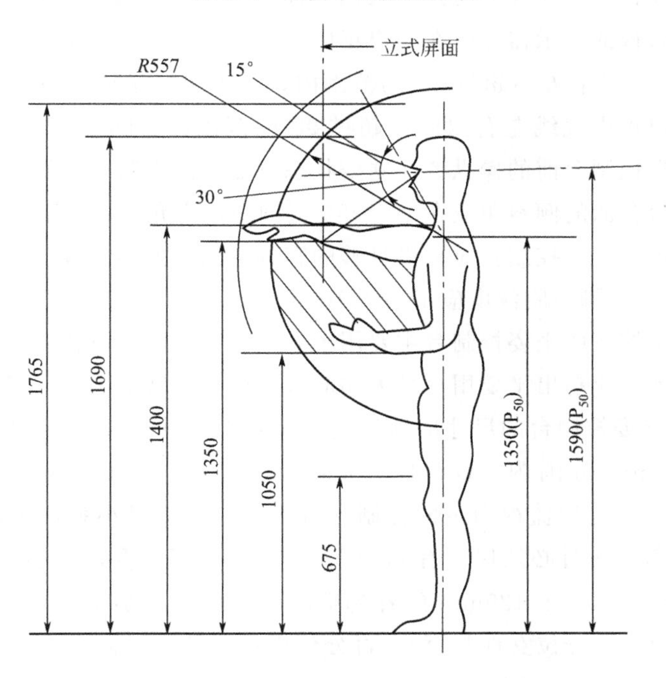

图 3.3 立姿控制面板操作区划分

面板上显示器的位置应依据视区来确定。DL/T 575.2—1999 规定：在监视作业中垂直方向上的良好视区为－30°～0°范围内，有效视区为－70°～40°范围内，其他范围为条件视区；水平方向上的良好视区为－15°～15°范围内，有效视区为－35°～35°范围内，其他范围为条件视区。对于常用的、重要的视觉显示器在垂直方向上应布置在良好视区之内，一般的显示器布置在有效视区内；常用的、重要的视觉显示器在水平方向上应布置在良好视区或有效视区内。

立姿控制台的设计应考虑立姿控制台的台面倾角、操纵器和显示器在控制台上的位置以及容脚空间等方面。NUREG 0700—2002 规定：立姿控制台的设计应保证操纵器的最高高度是第 5 百分位女性在没有伸展、使用工具或梯子的前提下所能触及的最高高度；操纵器的最低高度应为第 95 百分位男性在没有弯曲和弯腰的前提下所能触及的最低高度。按此原理带入中国人体尺寸，并结合立姿时的手功能触及域，可知立姿控制台上操纵器的最低和最高高度分别为 675mm 和 1765mm。为防止意外触发，控制台的尺寸应保证操纵器的位置从控制台前端边缘向后缩进的最小距离为 76mm，最大距离应小于第 5 百分位女性的功能触及域，即第 5 百分位女性的臂长，根据 GB/T 15759—1995 中规定的中国人体尺寸数据，可得到其最大向后缩进距离为 610mm。所有的显示器都应在第 5 百分位女性的视野上限内，即水平视线上方 75°范围内；经常监视或者持续监视的显示器，应在用户正中视线左右两侧不超过 35°、水平视线上方不超过 35°且下方不超过 25°的范围内；不需要经常或者持续监视的显示器，应在用户正中视线左右两侧不超过 95°的范围内。DL/T 575.8—1999 规定：为使立姿控制台前的操纵者在立姿状态下能看到安装在倾斜台面上的显示装置，控制台台面的倾斜角应在 20°～50°范围内；为允许用户不需要倾斜身体既能靠近面板，立姿控制台应提供足够的容脚空间，推荐的容脚空间高度应不小于 120mm，容脚空间深度应不小于 100mm。

核电厂主控室的坐姿控制台主要用于放置计算机监控设备，其上的监控设备的横向扩展不应超出坐姿用户最大功能触及域和视域范围。NUREG 0700—2000 规定：坐姿控制台的尺寸应保证视频视距在 330～800mm 内，最佳视距在 460～610mm 范围内。DL/T 575.8—1999、GB/T 14776—1993、GB/T 7369—2008 规定：以监视为主的控制台台面的高度应是小腿加足高、坐姿肘高、鞋高之和，同时必须保证有 630mm 的容膝空间高度，不小于 500mm 的容膝空间宽度，不小于 120mm 的容脚空间高度以及不小于 100mm 的容脚空间深度。以第 5 百分位女性和第 95 百分位男性为两个极限点，可得到控制台台面高度范围为 582～771mm。

（2）显示装置评价因素

核电厂主控室中常用的显示装置包括仪表、投影仪、指示灯、数字读出器等。这些视觉显示装置的设计应保证能向操作者提供清晰、直观的信息，不显示任何与显示设备功能不相关的信息，所显示的数字和文字的特征应简单一致且符合惯例，并保证所提供的信息易于被操纵员察觉和理解。

对于所有显示装置的字符信息特征，NUREG 0700-2002、DL/T 575.12—1999、GB/T 12984—1991 和 JB/T 5062—2006 都规定：字符高度视角不宜小于16′，最佳值范围在20′～22′之间，成组显示时不宜大于45′；字符的高宽比应在（1∶0.7）～（1∶0.9）之间；笔画宽度应为字符高度的1/12～1/6，汉字的笔画宽度应为字高的1/16～1/8；字符或符号的水平间距应该在字符或符号高度的10%～65%之间。

对于具体的显示装置，NUREG 0700—2002 还规定：仪表的设计必须便于读表并防止误读，刻度盘上刻度值的增加规律应符合惯例，且刻度方向应与刻度标记的方向相一致；刻度盘上数字的方向和零点的设置应符合人的认知规律，应避免使用指针固定刻度运动式仪表；指针针尖的形状应该简单并易于识别，针尖和最小刻度线之间的距离应小于1.6mm；在900mm视距下，刻度线的最小间距应为12.7mm，最小宽度应为0.32mm，大、中、小三种刻度线的最小长度应分别为10mm、7mm、4mm。指示灯的设计必须保证其所代表的含义的明确性，当指示灯的含义不明确时，应在其附近提供标签来指明其发光的含义，发光指示灯的光强应比周围面板的光强高10%以上，同时还要保证整个控制室刻字设计的一致性以及刻字指示灯与刻字按钮的易区别性。数字读出器的设计应保证数据便于读取和识别，符合公认惯例和人的习惯；如果数字多于4位，应进行编组并用逗号、小数点或适当空间将其隔开；连续读取数字时，数字变化率应小于1次/s；为了补偿轮形曲面产生的变形，轮式计数器上数字的宽高比应为1∶1。投影仪的设计应保证在最大视距观察时信息的可分辨性，投影仪的亮度比应满足投影内容的要求，以最大视角观察时，屏幕中心的亮度应是它最大亮度的一半以上。

（3）操纵装置评价因素

核电厂主控室中常用的操纵装置包括按钮、旋钮、滑动开关、扳钮开关、摇臂开关等。操纵装置的设计应在满足用户任务要求的前提下保证操纵简单、易于识别，并有利于防止意外操纵；操纵器的机械性能如尺寸、行程、作用力等必须满足中国人体尺寸数据所规定的要求；操纵器的运动应该符合人类固有的习惯；相同功能操纵器的颜色、外形、编码方式、动作方式应保持一致。

按钮的设计除满足上述要求外，还应保证其表面具有防侧滑功能；成行或成矩阵的按钮应按适当的顺序布置；当按钮已被压至足以触发的距离时应能提供即时的提示。主控室的按钮可分为圆形按钮和刻字按钮两种，这两种按钮的具体尺寸参数设计应参照 GB/T 14775—1993。同时，刻字按钮还应易于与刻字指示灯相区别，并能保证在任何环境条件下刻字都是可读的；当刻字按钮相互邻接时，应采用屏障予以隔开。

旋钮的设计应保证旋钮上的标度值应随顺时针旋转方向增加；采用形状编码的旋钮应在视觉和触觉上都可识别，并保证互不混淆。主控室使用的旋钮包括钥匙操纵器、连续调节操纵器、旋转选择操纵器等。钥匙操纵器应被用于专人触发的场合，钥匙插入锁时的方向应符合公认惯例，并便于体现钥匙操纵器所表示的状态；钥匙开关的最大高度应在 13～76mm，转角位移应在 60°～90°范围内。连续调节操纵器的设计应保证其操纵的可靠性，旋钮外形应是带有凸边或锯齿边的圆形；位置指示应易于用户辨认；指尖操作的旋钮高度为 12～25mm，直径为 10～100mm；拇指和食指操作的旋钮直径为 35～75mm，旋钮高度应不小 15mm。旋转选择操纵器应被用于需要 2 个以上挡位的场合，为保证离散旋转操纵器的正确位置，每个操纵位置都应提供制动器和位置指示；旋钮的转角位移应在 15°～40°范围内。

滑动开关、扳钮开关、摇臂开关的设计必须保证各元件操作的可靠性和有效性，具体的尺寸参数 GB/T 14775—1993 也作了相应的规定。

(4) 盘面评价因素

核电厂主控室盘面设计主要涉及显示器和操纵器的布置、标签和区域划分、面板布置三个方面。

显示器和操纵器的布置不应孤立地去考虑，它们在布置、组合和分组上应相互协调；相关联的显示器和操纵器之间不仅应相互靠近而且其关联关系应易于识别；显示器和操纵器在各种组合方式下的布置都应保证在操纵过程中显示器不被遮挡，同时符合人的认知习惯；分组方式以及各组之间的关系应清晰、不易混淆。

标签的设计应具有层次性，能恰当和清楚地反映所描述的信息，区域的划分应清楚、合理；标签的位置应适当，应既能保证其可见性、清晰性又不遮挡其他信息；标签的内容应简洁、清楚、规范、无歧义；标签的字体大小应能保

证在正常视距内可见，NUREG 0700—2000 中要求标签字符高度的最小视角为 15′（或为视距的 0.004 倍），最佳视角为 20′（或为视距的 0.006 倍）；JB/T 5062—2006和 NUREG 0700—2000 规定：字符笔画宽度与字符高度的比应是（1∶6）～（1∶8）；字符之间的最小间距是 1 个笔画宽；词之间的最小间距是 1 个字符宽；行之间的最小间距应为字符高度的一半。

面板的布置应满足按任务、功能、重要性编组的原则；符合操纵员的认知习惯；充分考虑布局排列因素之间的相关性、顺序性和相似性等；为避免在操纵过程中操纵通道被阻碍，必须保证各操纵器之间留有足够的间距，GB/T 14775—1993 给出了部分操纵器的间距，结合 NUREG 0700—2000 等标准，得到了核电厂主控室常用操纵器之间间距的最小值和推荐值，见表 3.1。

表 3.1 操纵器间距 mm

操纵器	钥匙操纵器	按钮	按钮队列	刻字按钮
钥匙操纵器	25(50)	13(50)	38(70)	25(50)
按钮	13(50)	13(50)	50(80)	50(80)
按钮队列	38(70)	50(80)	50(80)	50(80)
刻字按钮	25(50)	50(80)	50(80)	50(80)
滑动/摇臂开关	19(50)	13(50)	38(70)	38(70)
扳钮开关	19(50)	13(50)	38(70)	38(70)
旋转选择操纵器	19(50)	13(50)	50(80)	50(80)
连续调节操纵器	19(50)	13(50)	50(80)	50(80)

操纵器	滑动/摇臂开关	扳钮开关	旋转选择操纵器	连续调节操纵器
钥匙操纵器	19(50)	19(50)	19(50)	19(50)
按钮	13(50)	13(50)	13(50)	13(50)
按钮队列	38(70)	38(70)	50(80)	50(80)
刻字按钮	38(70)	38(70)	50(80)	50(80)
滑动/摇臂开关	13(50)	19(50)	13(50)	13(50)
扳钮开关	19(50)	19(50)	19(50)	19(50)
旋转选择操纵器	13(50)	19(50)	25(50)	25(50)
连续调节操纵器	13(50)	19(50)	25(50)	25(50)

注：括号内为推荐值，括号外为最小值。

3.5.2 工作空间评价因素

工作空间包含活动空间以及心理空间。活动空间是指操纵员在工作过程中为保证信息交流畅通、便于联系而设置的空间，心理空间是为保障操纵员在工作过程中保持良好的心态而需要的空间。ISO 6385—2004、IEC 60964—2009、GB/T 13630—2015 中规定：控制室必须有足够大的空间以保证控制室工作人员能执行所有的操纵和活动，而且应保证在异常工况下操纵员的移动范围最小。DL/T 575.4—1999 还规定：在控制室的空间设计中，应充分考虑个人心理空间因素的影响，避免由于心理空间过小而使操纵员出现紧张和不安，减少由此而导致的操作失误和工作效率下降。

NUREG 0700—2002 规定：座椅或者控制台的背面与任何物体面之间应留有充足的空间，以保证当用户背后有固定物体时用户不仅能方便地进出座位，而且能够方便地转动座位观察后面的仪器设备；坐姿用户的横向空间不应少于 760mm，前后间距不应小于 915mm。DL/T 575.4—1999 规定：两控制台之间应留有 1270mm 的间距，以保证操作者有足够的活动空间完成对所有任务的操作。

3.5.3 作业环境评价因素

主控室的作业环境主要包括温热环境、视觉环境、听觉环境三个方面，作业环境应保证操纵员能舒适、安全、高效地执行其操作。

ISO 11064-6：2005、NUREG 0700—2002、DL/T 575.10—1999 规定：控制室应提供适宜的温热环境，以符合人的身体要求和设备需要。影响温热环境的主要因素包括控制室的温度、空气湿度、热辐射、通风情况、气流速度等方面。控制室内的温度和湿度应适宜；应避免因热辐射而引起的局部温度升高；应保证不因空气的流动速度过大而产生明显的气流。控制室的视觉环境应能为操纵员提供最佳的视觉感受；应采用适宜而充足的照明亮度；照度分布应均匀以保证主控室内各处亮度的一致性，以防止局部亮度过大；应避免产生眩光、阴影、色差及反射等现象；避免使用有色照明。主控室的听觉环境应保证操纵员之间的语言通信不受干扰；听觉信号应易于觉察并有助于缓解操纵员的疲劳和紧张情绪；尽量减少主控室内的噪声等级和不必要的噪声源；采用适当的声学措施减小声音回响时间。

3.5.4 软件界面评价因素

核电厂主控室的软件界面包括计算机监控界面和大屏幕显示界面。计算机监控界面应保证所提供信息的清晰性、可辨别性、简明性、可觉察性、易读性、易理解性和规范性；信息显示的形式和要素应满足设计风格的一致性和与所执行的任务的一致性；系统应具有提示、反馈、联机帮助和错误处理能力；显示的界面应具有风格的一致性和规范性，其影响因素主要涉及显示界面、显示元素、显示形式、显示信息、系统能力、帮助和纠错能力等方面，ISO 9241-10：1996 至 ISO 9241-17：1998 对界面的属性作了详细的规定。大屏幕显示界面显示的信息应能保证从第 5 百分位女性至第 95 百分位男性的所有使用者在正常的工作位置时都可观测到，同时满足对信息的基本要求。

3.6 主控室人机界面评价指标体系的建立

3.6.1 评价指标体系总体框架的建立

根据核电厂主控室人机界面评价的影响因素，可以将评价指标体系划分为人-硬件界面、人-软件界面、人-作业环境界面、人-工作空间界面四个组成部分。依据因果关系的原理，将评价指标依次逐层分解，可建立评价指标体系的总体框架，如图 3.4 所示。

3.6.2 底层评价指标的确定

在所构建的评价指标体系总体框架的基础上，参考国内外相关标准及人机界面的影响因素，对底层的评价指标进行提取，然后利用第 2 章提出的多因子综合算法筛选所提取的指标，最后确定了最底层的评价指标。评价指标根据其性质不同，可以分为客观评价指标和主观评价指标，客观评价指标是指可以量化为具体数值的指标，主观评价指标是指只能采用定性信息描述的指标。

(1) 人-硬件界面底层评价指标

人-硬件界面的评价指标可分为控制台、操纵装置、显示装置和盘面四大类，根据各类指标的影响因素，可将其分解为各级子指标。人-硬件界面的底层评价指标如表 3.2～表 3.7 所示。

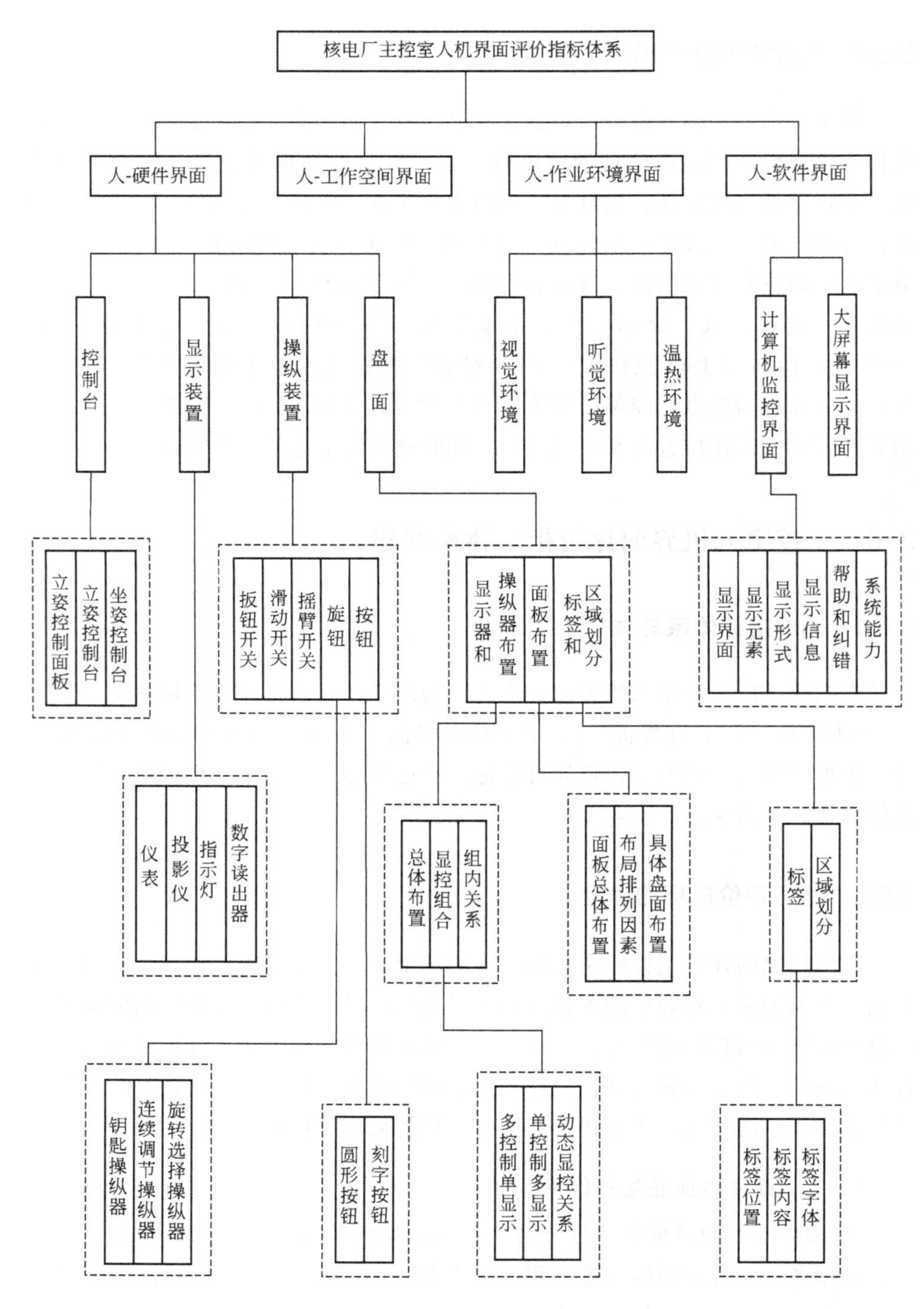

图 3.4 评价指标体系框架

表 3.2　控制台底层评价指标

评价因素	客观指标
立姿控制台	1. 控制台台面倾角 2. 操纵器高度 3. 控制面至边缘尺寸 4. 一般显示器水平安装视角 5. 重要显示器水平安装视角 6. 重要显示器垂直安装视角 7. 所有显示器最大垂直安装视角 8. 显控元件横向扩展宽度 9. 容脚深度 10. 容脚高度
立姿控制面板	1. 重要操纵器高度 2. 一般操纵器高度 3. 重要显示器垂直安装视角 4. 一般显示器垂直安装视角 5. 重要显示器水平安装视角
坐姿控制台	1. 控制台台面高度 2. 容膝空间宽度 3. 容膝空间高度 4. 容脚高度 5. 容脚深度 6. 视频显示设备视距

表 3.3　操纵装置底层评价指标

<table>
<tr><th colspan="2">评价因素</th><th>客观指标</th><th>主观指标</th></tr>
<tr><td rowspan="3">旋钮</td><td>钥匙操纵器</td><td>1. 转角位移
2. 钥匙高度</td><td>1. 类型与用途的相合性
2. 单排齿的钥匙插入锁时，钥匙齿应向上或向前
3. 钥匙应在垂直位置时表示“断开”或“安全”状态
4. 在非“断开”或“安全”位置时操纵员不能从锁中拔出钥匙
5. 应从垂直的关闭位置顺时针旋转钥匙
6. 操纵器的易识别性
7. 应提供转角位置指示</td></tr>
<tr><td>连续调节操纵器</td><td>1. 旋钮直径
2. 旋钮高度</td><td>1. 旋钮外形应是带有凸边或锯齿边的圆形
2. 位置指示应易于用户辨认
3. 操纵器的标度值应按顺时针旋转方向增加</td></tr>
<tr><td>旋转选择操纵器</td><td>1. 旋钮长度
2. 旋钮宽度
3. 旋钮高度
4. 旋钮转角位移</td><td>1. 每个操纵位置都应提供制动器
2. 操纵器的标度值应按顺时针旋转方向增加
3. 应提供位置指示</td></tr>
</table>

续表

评价因素		客观指标	主观指标
按钮	圆形按钮	1. 按钮直径 2. 按钮行程 3. 按钮高于盘面高度	1. 激活后有提示 2. 表面应有防滑或凹陷
	刻字按钮	1. 刻字按钮尺寸 2. 刻字按钮行程	1. 刻字按钮应易于与刻字指示灯相区别 2. 在所有环境条件下刻字都应是可读的 3. 灯泡更换的安全性、方便性 4. 刻字按钮盖应用销子销住以免串换 5. 当刻字按钮相互邻接时应采用屏障隔开
滑动开关		1. 开关高度 2. 开关长度	1. 滑动开关的表面应是锯齿状或凸边状 2. 每个滑动开关装置必须有制动器 3. 滑动开关应垂直方向滑动
扳钮开关		1. 扳钮柄长 2. 顶端直径 3. 两位转角位移 4. 三位转角位移	1. 定位可靠 2. 提供反馈信息
摇臂开关		1. 开关长度 2. 开关宽度 3. 两位转角位移 4. 三位转角位移	1. 摇臂开关通常应垂直导向 2. 激活有提示 3. 操纵阻力应逐渐增加，当开关突入预定位置时应立即降到零 4. 有防止意外触发的保护措施

表 3.4 显示装置底层评价指标

评价因素	客观指标	主观指标
仪表	1. 刻度线间距 2. 刻度线宽度 3. 刻度线长度 4. 字符高度视角 5. 针尖和最小刻度线距离	1. 刻度盘的刻度值增加方向应符合人的认知习惯 2. 指针与背景应有足够的对比度 3. 仪表类型与用途的一致性 4. 针尖的形状简单 5. 指针的尺寸应能保证可以迅速识别指针的位置 6. 不同区域的标记应有明显的差别 7. 刻度方向应与刻度标记的方向一致 8. 仪表上数字的方向应是垂直的 9. 刻度值零点位置设置的合理性 10. 信息的可用性 11. 应避免使用指针固定刻度运动式仪表
数字读出器	1. 数字字符视角 2. 字符宽高比 3. 字符笔画宽与字符高比 4. 字符间距与字符高比 5. 轮式计数器上数字宽高比	1. 多位计数器应从左向右横向读取 2. 多位数字间应以适当方式隔开 3. 连续读取数字时数字变化速率适宜

续表

评价因素	客观指标	主观指标
指示灯	光强度与周围面板强度的百分比	1. 指示灯开关含义的明确性 2. 发光指示灯的可见性 3. 整个控制室指示灯设计一致性 4. 所反映的信息与惯例的一致性 5. 在反光条件下与背景颜色应易于识别
投影仪	1. 字符视角 2. 中心亮度应至少是它最大亮度的一半	1. 所有用户应该能够在最远观察位置分辨所有重要显示的细节 2. 对投影方法应采用叠置字符的相反对比 3. 投影系统提供的亮度比应满足投影内容的要求 4. 投影后得到图像的明度和亮度分布应该是统一的 5. 应使投影机和屏幕垂直以减少梯形畸形效应

表 3.5 显示器和操纵器的布置底层评价指标

评价因素		主观指标
总体布置		1. 相关显控元件空间接近性 2. 操纵时显示器可见性 3. 相关联的显示器与操纵器易识别性
显控组合	多控制单显示	1. 操纵器应安装在显示器下面 2. 操纵器的备选位置在显示器右侧 3. 多操纵器应以显示器为中心 4. 多操纵器应按行或矩阵分组 5. 多操纵器应以适当的顺序排列 6. 关联关系不明显时应使用增强技术
	单控制多显示	1. 显示器应安装在操纵器上面 2. 备选显示器位置应在操纵器左侧 3. 操纵器应在多显示器的中下方 4. 多显示器应按水平或矩阵分组 5. 多显示器应以适当的顺序排列 6. 操纵时显示器的可见性 7. 关联关系不明显时应使用增强技术 8. 选择式显示器动作方向通常应顺时针 9. 选择式显示器顺序应与显示顺序一致 10. 选择式显示器标志应与显示标志一致 11. 选择式显示器刻度不应从0读出

续表

评价因素		主观指标
显控组合	动态的显控关系	1. 旋转操纵器以顺时针为增加方向 2. 操纵器精度应适当 3. 显示器分辨率应适合 4. 线性操纵器应以向上或向右为增加方向 5. 显示器反应的时间延迟应有即时的反馈 6. 显示器/操纵器精度应与要求相匹配 7. 对操纵器的运动显示器应反馈明显
组内关系		1. 功能相关的多个显控元件应组合在一起 2. 按使用顺序排列 3. 显示器尽量在操纵器上侧 4. 显示器/操纵器按行对应排列 5. 两行或多行显示器排在单行操纵器上方 6. 功能相似的显控元件布置应遵循惯例一致性 7. 分离面板上的显示器应在相关操纵器的上部

表 3.6 面板布置底层评价指标

评价因素	客观指标	主观指标
面板总体布置		1. 分组方式的合理性 2. 重要操纵器的易识别性 3. 编码的合理性 4. 不重要的显控元件应在辅助面板上 5. 组间间隔至少应为组中典型显控元件的宽度 6. 使用底色时颜色之间应提供足够的对比 7. 应使用特殊技术以提高对紧急操纵器的辨认
布局排列因素		1. 特定顺序观察/操纵的显控元件应编为一组 2. 常用的显控元件应在最佳视域和触及域内 3. 功能上相关的操纵器和显示器应编为一组 4. 元件的布置应符合惯例 5. 排列符合人的期望 6. 功能相近的显控元件排列方式一致性 7. 避免镜像布置
具体盘面布置	1. 操纵器间距 2. 盘面上相似小显示器排列长度 3. 非断开的行/列中相似元件的数目	1. 盘面布置应避免相邻操纵器被无意触发 2. 需要时应能同时触发相邻操纵器 3. 显示器应水平排列 4. 相似元件构成的大矩阵应有坐标标识 5. 大矩阵的标签应在左边和上边 6. 应采用适当的界线将大矩阵细分

表 3.7 标签和区域划分底层评价指标

评价因素		客观指标	主观指标
标签	标签字体	1. 字符高度视角 2. 笔画宽度与字符高度比例 3. 非1数字的宽高比 4. 1的宽度至少是笔画宽度的1倍 5. 字符间距至少是笔画宽度的1倍 6. 词间距至少是字符宽的1倍 7. 行间距是字符高度的0.5倍	1. 选择与标签背景具有最大对比度的颜色 2. 以字母或数字为首的标签不应加修饰线
	标签位置		1. 标签应布置在所描述元件的上方 2. 应确保标签的可见性 3. 标签应放在靠近面板元件的位置 4. 标签不应出现在操纵器上 5. 邻近的标签间应有足够的空间 6. 标签应安装在平的表面 7. 标签应水平方向安放
	标签内容		1. 意义明确 2. 缩写的规范性 3. 标签应能识别按功能分组的显控元件 4. 操纵过程中标签具有可见性
区域划分			1. 区域线的合理使用 2. 区域线与背景具有对比度 3. 区域线的持久性 4. 控制室区域划分颜色的一致性 5. 区域划分颜色满足用户期望

(2) 人-工作空间界面底层评价指标

人-工作空间界面的底层评价指标见表3.8。

表 3.8 人-工作空间界面底层评价指标

评价因素	客观指标	主观指标
工作空间	1. 坐姿时横向空间长度；2. 坐姿时前后空间间距；3. 两控制台之间的间距	1. 空间的布置应保证通路畅通；2. 设备的布置应保证便于观察；3. 设备的布置应保证便于通信；4. 使用设备的可达性；5. 足够的活动空间；6. 足够的心理空间

(3) 人-作业环境界面底层评价指标

人-作业环境界面底层评价指标见表3.9。

表 3.9 人-作业环境界面底层评价指标

评价因素	主观指标
温热环境	1. 室内温度适宜;2. 空气湿度适宜;3. 空气无污染;4. 无热辐射;5. 空气畅通
视觉环境	1. 照度均匀;2. 照明充足;3. 亮度比例适宜;4. 避免阴影;5. 无眩光和反射
听觉环境	1. 音响强度适宜;2. 异常噪声水平;3. 背景噪声的影响

(4) 人-软件界面底层评价指标

人-软件界面主要包括计算机监控界面和大屏幕显示界面，其影响因素主要是一些定性因素，将影响因素分解并经筛选后的评价指标见表 3.10。

表 3.10 人-软件界面底层评价指标

评价因素		主观指标
计算机监控界面	显示界面	1. 界面风格的一致性;2. 界面视觉的一致性;3. 界面认知的一致性;4. 界面设计简单、有序;5. 色彩搭配的合理性;6. 界面布局的合理性;7. 界面区域划分明确;8. 分组方式合理;9. 界面层次结构的合理性;10. 界面线条的清晰性;11. 界面的灵活性
	显示元素	1. 字符特性的规范性;2. 元素色彩的适宜性;3. 缩写词的易理解性;4. 图标意义的明确性;5. 图标位置的合理性;6. 刻度线的规范性;7. 边框箭头的适宜性
	显示形式	1. 显示形式与用途的相合性;2. 文本格式的标准化;3. 文本表达清楚、简练;4. 文本语态、时态得当;5. 文本间距适宜;6. 图表结构的合理性;7. 表格间距的一致性;8. 图表编号的合理性;9. 图表排列的规范性;10. 数据格式的一致性;11. 数据对齐方式的合理性
	显示信息	1. 显示信息的易理解性;2. 与惯例的一致性;3. 显示信息的清晰度;4. 关键信息应有警告提示;5. 相关信息分组的合理性;6. 显示信息的可读性;7. 编码的合理性和一致性;8. 足够的显示面积;9. 显示信息与控制需求的一致性;10. 信息更新率的适当性;11. 显示信息的准确性;12. 重要信息的突出性
	系统交互	1. 交互的公开性;2. 各视野的等同性;3. 激活应有提示;4. 信息的共享性
	系统能力	1. 具有系统响应能力;2. 具有信息反馈能力;3. 系统控制的灵活性;4. 响应时间与操作要求的一致性;5. 过程完成应有提示;6. 延迟应有提示
	帮助和纠错	1. 用户出错的告知能力;2. 帮助信息的完整性;3. 交互风格与用户期望的一致性;4. 上、下文的相关性;5. 帮助信息的易理解性;6. 帮助信息的可用性;7. 获取信息的难易度;8. 帮助信息的清晰程度
大屏幕显示界面		1. 显示元素的易识别性;2. 数字、字符形体的适宜性;3. 缩写应规范、易懂、便于记忆;4. 技术术语使用的恰当程度;5. 标注的格式及措辞的一致性;6. 图标使用的适当性;7. 显示元素的使用符合公认惯例;8. 刻度线方向符合人的认知特性;9. 色彩匹配的合理性;10. 背景对比的适宜性;11. 闪烁的使用恰当;12. 各观察视野的等同性;13. 适当的照明条件

3.7 本章小结

适用的人因工程标准和规范是构建科学、全面的核电厂主控室人机界面评价指标体系的前提和基础，本章在综述国内外核电厂主控室人机界面评价相关标准的基础上，对已颁布的相关标准进行了比较分析，确定了构建评价指标体系应遵循国内外标准相结合的原则；利用因果分析的方法对核电厂主控室人机界面评价的影响因素进行分析，提出了核电厂主控室人机界面评价指标体系的总体框架；在以国内外相关标准为依据提取指标的基础上，进一步利用多因子综合算法对底层指标进行筛选，从而构建了本土化的核电厂主控室人机界面评价指标体系。

第4章 人机界面评价指标权重分配方法的研究

4.1 引言

人机界面评价指标权重是指各评价指标在整个评价指标体系中的相对重要性大小。要对人机界面设计质量做出正确的评价，必须充分考虑各评价指标的重要程度。在评价过程中评价指标权重的分配是尤为重要的，它反映了各评价指标在评价过程中所占据的地位或所起的作用，直接影响到评价结果的客观性和真实性。

正确的权重分配结果往往要建立在科学、适用的权重分配方法的基础上。然而，由于权重的确定过程受大量的不确定因素和人为因素的影响，使得权重的分配方法并未得到根本的解决，一直是众多学者研究和探讨的重点。正如绪论中所介绍的，很多学者对此做了大量的工作，除了传统的权重确定方法外，又提出了一些新的方法，并在不同程度上解决了一些问题，但仍然存在着一些缺点和不足，尤其是针对像人机界面这样的复杂系统而言，进一步研究和探讨适用的人机界面评价指标权重分配方法是必要的。

4.2 层次分析法概述

4.2.1 层次分析法简介

层次分析法（analytical hierarchy process）是美国匹兹堡大学运筹学家Saaty教授于1973年提出的一种决策分析方法。该方法把复杂问题中的各种因素，通过划分相互联系的有序层次，使之条理化，并根据一定的客观现实的判断，就每一层次的元素相对重要性给以定量表示，并利用数学方法确定全部

要素的相对重要性次序，从而帮助人们更好地进行评价与决策。

层次分析法是一种能将定性分析与定量分析相结合的系统分析方法，是分析多目标、多准则的复杂大系统的有力工具。层次分析法在解决复杂系统问题时，首先是将复杂的问题层次化，把问题分解为若干个不同的组成因素，并根据各因素之间的隶属关系构造成多层次的结构，在这个多层次的分析结构中，最终被系统分析归结为最低层相对于最高层的相对重要性数值的确定或相对优劣次序的排列问题，然后，通过一系列成对比较的评判来得到各方案的重要性排序。

运用层次分析法的步骤如下。

(1) 建立递阶层次结构

根据所研究的问题明确研究的目标，分析问题包含的因素以及各因素之间的相互关系，从而构成一个以目标、若干准则层所构成的自上而下的递阶层次结构，如图 4.1 所示为典型的递阶层次结构。

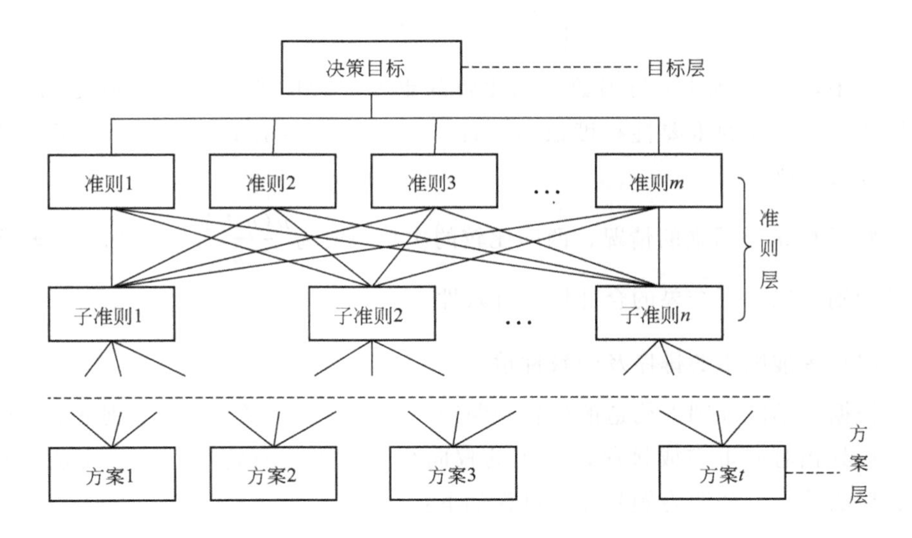

图 4.1 典型递阶层次结构

递阶层次结构的建立对问题的解决是至关重要的，因此在建立递阶层次结构时需注意如下问题：

① 层次结构存在自上而下的支配关系，相邻元素之间不存在支配关系；

② 整个结构可以有若干个层次；

③ 目标层只能有一个因素，其他层可以有多个因素，但每层最多一般不超过 9 个因素，因素过多会给比较判断带来困难，当因素超过 9 个时可再分一层。

(2) 构造比较判断矩阵

建立递阶层次结构后需进一步构造比较判断矩阵，常用的方法为两两比较的方法。比如，当以某一层次的某一因素作为比较准则时，其下一层次中第 i 个因素与第 j 个因素的相对重要性程度可以用 1～9 之间的正整数及其倒数来表示，数字的大小代表重要性的程度差别，记为 a_{ij}；由 a_{ij} 构成的矩阵 $\mathbf{A}=(a_{ij})$ 称为比较判断矩阵，记为式(4-1)：

$$\mathbf{A}=\begin{bmatrix} 1 & a_{12} & \cdots & a_{1n} \\ \dfrac{1}{a_{12}} & 1 & \cdots & a_{2n} \\ \vdots & \vdots & & \vdots \\ \dfrac{1}{a_{1n}} & \dfrac{1}{a_{2n}} & \cdots & 1 \end{bmatrix} \tag{4-1}$$

式中，a_{ij} 为因素 i 与因数 j 相比较的重要性程度数值，$1/a_{ij}$ 则是因素 j 与因素 i 相比较的重要性程度数值，且 $a_{ij}>0$，$a_{ij}=1/a_{ij}$，$a_{ii}=1$，此矩阵为正互反矩阵。

对于有 n 个因素的情况，两两比较的次数一般为$\dfrac{n(n-1)}{2}$次，如果比较次数过少则难以保证结果的合理性和有效性。

(3) 单准则下的排序及一致性检验

根据在不同准则下构造的比较判断矩阵，需要对隶属于这一准则下的各因素计算其相对权重完成排序，常用的权向量计算方法有特征根法、幂法、和法、根法等，以和法为例其计算过程如下：

① 首先，将判断矩阵的列向量进行归一化处理，得到 $\tilde{\lambda}=\left(\dfrac{a_{ij}}{\sum\limits_{i=1}^{n}a_{ij}}\right)$；

② 然后将其按行求和得到 $\widetilde{W}=\left(\sum\limits_{j=1}^{n}\dfrac{a_{1j}}{\sum\limits_{i=1}^{n}a_{ij}},\ \sum\limits_{j=1}^{n}\dfrac{a_{2j}}{\sum\limits_{i=1}^{n}a_{ij}},\ \cdots,\ \sum\limits_{j=1}^{n}\dfrac{a_{nj}}{\sum\limits_{i=1}^{n}a_{ij}}\right)^{\mathrm{T}}$；

③ 最后进行归一化处理得到权向量为 $W=(w_1, w_2, \cdots, w_n)^T$。

为保证评判结果的可信性，防止比较判断过程中出现的偏差导致决策的失误，计算完权重向量后需进行一致性检验。过程如下：

① 计算一致性指标 CI。

$$CI=\frac{\lambda_{\max}-n}{n-1}$$

② 查取平均随机一致性指标 RI。

Satty 教授给出了不同矩阵阶数的平均随机一致性指标，根据判断矩阵的阶数即可查得 RI 值。

③ 计算一致性比例 CR。

$$CR=\frac{CI}{RI}$$

当 $CR<0.1$ 时，认为比较判断矩阵的一致性是可以接受的；当 $CR \geqslant 0.1$ 时，认为比较判断矩阵不符合一致性要求，需要进行修正。

(4) 层次总排序及检验

层次总排序是指同一层次中所有元素相对于最高层（目标层）的相对权重。计算步骤如下：

① 自上而下逐层计算同一层次中所有元素相对于最高层的权重向量；

② 设已计算出第 $k-1$ 层上有 n_{k-1} 个元素相对总目标的排序权向量为 $w^{(k-1)}=(w_1^{(k-1)}, w_2^{(k-2)}, \cdots, w_{n_{k-1}}^{(k-1)})^T$；

③ 第 k 层有 n_k 个元素，它们相对于上一层（第 $k-1$ 层）的某个因素 u_i 的单准则排序向量为 $p_i^{(k)}=(w_{1i}^{(k)}, w_{2i}^{(k)}, \cdots, w_{n_k i}^{(k)})^T$；

④ 第 k 层 n_k 个元素相对于总目标的排序权向量为 $(w_1^{(k)}, w_2^{(k)}, \cdots, w_{n_k}^{(k)})^T=(p_1^{(k)}, p_2^{(k)}, \cdots, p_{k-1}^{(k)})w^{(k-1)}$。

计算完层次总排序后同样要进行一致性检验，假设已经计算出第 $k-1$ 层第 j 个因素为准则的一致性指标 $CI_j^{(k-1)}$，平均随机一致性指标 $RI_j^{(k-1)}$，一致性比例 $CR_j^{(k-1)}$，则第 k 层的一致性检验指标分别为 $CI^{(k)}=CI^{(k-1)}w^{(k-1)}$，$RI^{(k)}=RI^{(k-1)}w^{(k-1)}$，$CR^{(k)}=CR^{(k-1)}+\frac{CI^{(k)}}{RI^{(k)}}$ $(3 \leqslant k \leqslant n)$，如果 $CR^{(k)}<0.1$，则可认为评价模型在 k 层水平上整个达到局部满意一致性。

4.2.2 层次分析法确定权重的原理

层次分析法是对复杂系统决策分析的有效方法，适用于难以进行定量分析的复杂系统。因此，在权重的确定过程中得到了越来越广泛的应用。

层次分析法确定权重的基本思想就是根据所描述的问题以及因素之间的关系将复杂的问题分解为具有递阶层次结构的系统，而且要求保证层次结构内部的各因素之间彼此独立；然后依据适当的标度方法，通过两两比较的方式，构造出下层因素相对于上层因素的判断矩阵，在判断矩阵满足一致性要求的前提下，通过求解判断矩阵的最大特征根所对应的特征向量得到各因素之间的相对重要程度，从而确定各因素的权重。

利用层次分析法确定指标权重的优点主要表现在以下几个方面：

① 层次分析法通过建立递阶的层次结构，将复杂的问题简单化、层次化、条理化，便于进行分析；而且原理和计算过程简单，结果一目了然，便于理解。

② 层次分析法采用成对比较的方式建立判断矩阵，一方面充分利用了专家的特长，另一方面也充分反映了各因素之间的关系，有助于提高分析的有效性。

③ 将定性分析和定量分析有机结合，实现了定性信息的定量化，有助于提高权重分配结果的科学性、客观性、直观性。

综上所述，利用层次分析法确定评价指标的权重具有独特的优势，可以使复杂的问题简单化，定性的问题定量化，模糊的问题清晰化。因此，层次分析法是进行指标权重分配的有效方法。

4.2.3 层次分析法确定人机界面评价指标权重存在的问题

层次分析法的诸多优点表明，将层次分析法用于权重的确定是有效的、可行的，但在人机界面评价指标赋权过程中仍存在着一定的问题，主要表现在以下两个方面。

(1) 多专家评判信息的集结问题

正如前面所述，层次分析法可使分析的问题简单、有条理，但由于评判过程会受到主观偏好的影响，判断结果产生一定的偏差是很正常的，如果仅仅依据单个专家的评判结果确定指标的权重往往带有较大的片面性和偏向性，得到结果的可信度必然会下降。因此，要使层次分析法得到的权值尽可能符合客观规律，运用层次分析法时采用群组判断的方式可减小主观因素的影响，避免评判的片面性，是克服主观偏见的有效方法。然而，如何更好地实现多专家信息的集结对权重结果起着至关重要的作用。目前，常用的集结方式多采用均值集

结法或主观加权平均集结法，但这些集结方法忽视了评判信息之间的关联性、差异性，不能从信息本身得到客观的结果，势必会造成信息的扭曲，影响权重分配结果的科学性、客观性。因此，只有采用合适的方式对多专家评判信息进行有效的集结，才能保证层次分析法所得到的权重的正确性、有效性。

(2) 多指标情况下判断矩阵的构造问题

层次分析法判断矩阵的构造是采用两两比较判断的方式给出的。心理学家G. A. Miller的实验研究表明，在保证准确分辨的前提下，通常情况上正常人能分辨具有不同特征的物体的数目是5～9个，因而Miller认为，从心理学的角度来讲，人的正常判断极限应为9个；Saaty也认为大多数人在同一准则下，对不同事物的分辨能力在5～9级之间，因此，Saaty建议同一层次下的指标数量不宜超过9个。但对于一些复杂系统，由于影响因素众多，同一层次中评价指标的数量常常大于或接近7±2个。指标数目越多，决策者需要进行重要性成对比较的工作量也就越大，比较判断的次数可达到$(N^2-N)/2$，比较判断时就更易产生思维混淆，可能会影响判断的准确性，对评判结果带来不利的影响。可见，当评价指标的数目较多时，直接采用两两比较的方式构造判断矩阵是不合适的。然而对于像人机界面这样的复杂系统，评价指标数量大且相互关联，出现某一级评价指标数目较多的情况是常见的。因此，在多指标情况下判断矩阵的构造问题有待于进一步的研究和探讨。

上述问题是利用层次分析法确定人机界面评价指标权重时所面临的主要问题，只有采用适当的方法解决这些问题，才能保证人机界面评价指标权重分配结果的科学性和客观性。

4.3 多专家权重信息集结方法的构建

为解决层次分析法定权过程中多专家权重信息的集结问题，保证权重分配结果的科学性、客观性，本书对层次分析法进行了改进。

4.3.1 基于信度系数的指标权重分配方法的提出

在评价指标数目不超过9个的情况下，运用层次分析法时采用群组判断的方式有助于减小主观因素的影响，保证权重分配结果的客观性。目前多专家判断信息的集结方式一般有两种，一种是将专家的权重均值化，即采用几何平均或算术平均的方式直接进行硬性的相乘或相加；另一种是根据专家的认识能力、影响力、专业水平以及对评判问题的熟悉程度等人为、主观地确定专家的权重，但这些方法都可能会在一定程度上影响评判结果的准确性。

从评价信息自身的规律出发，挖掘评判者所给信息的可信程度能更客观地反映各评判者在评判过程中所起的作用，更加符合客观实际。刘业政等根据信息的偏离程度反映专家的权重，借助专家权重和属性权重的自适应调整过程获得了较稳定的综合权重；梁樑等利用迁移矩阵比较群决策中各专家信息的相似程度，确定各专家的可信度权值，给出一种较客观的专家权重确定方法。这两种方法都在一定程度上解决了多专家判断信息的集结问题，但它们本质上都是仅仅通过距离计算专家个体决策与群体决策之间的偏离程度，信息的不完备性、灰色性可能会影响结果的可靠程度。因此，为了更全面地反映各评价指标的权重，必须依据评判信息的自身规律，综合考虑各种因素来确定各专家判断信息的集结方法。

针对以上问题以及人机界面评价所具有的模糊性、灰色性和复杂性的特点，本书提出了基于信度系数修正的人机界面评价指标权重分配方法。该方法在采用层次分析法进行多专家共同评判的基础上，充分考虑认知的灰色性对评判结果的影响，利用灰关联分析处理不完备信息，从整体相似性的角度构造专家判断的信度系数，实现认知特性的定量化，获得符合认知特性的人机界面各组成因素的权重分配结果。

4.3.2 基于信度系数的指标权重分配方法的基本原理

层次分析法能够根据同层指标之间的比较结果，有效地综合专家的评判信息，实现评价指标权重的定量描述；而灰色系统理论是从信息的不完备性出发研究和处理复杂系统的理论，能有效地处理带有灰色信息的问题；灰色系统理论中的灰色关联分析法则能从整体相似性的角度寻求各比较序列之间的关联程度。基于这一思想可利用灰色关联分析处理评判信息，充分利用评判信息反映专家的整体认知程度，从而构造评判专家所给信息的信度矩阵，计算各专家的信度系数，并将其融合到层次分析法之中，从而修正利用层次分析法所获得的指标权重。基于信度系数的人机界面评价指标权重分配方法的实现过程如图4.2所示。

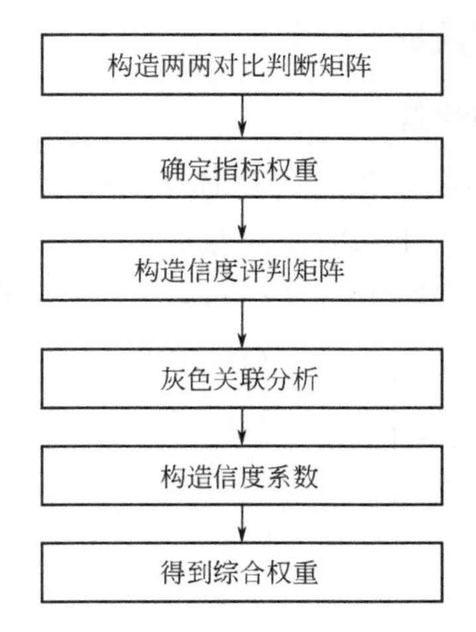

图 4.2 基于信度系数的人机界面评价指标权重分配方法实现过程

(1) 两两对比判断矩阵的构造

设有 m 个专家参与具有 n 个指标的人机界面评价指标的权重分配。第 k 个专家给出的成对比较判断矩阵为 $\boldsymbol{A}_k(k=1,2,\cdots,m)$。

$$\boldsymbol{A}_k=(a_{ij}^k)_{n\times n}=\begin{bmatrix} a_{11}^k & a_{12}^k & \cdots & a_{1n}^k \\ a_{21}^k & a_{22}^k & \cdots & a_{2n}^k \\ \vdots & \vdots & & \vdots \\ a_{n1}^k & a_{n2}^k & \cdots & a_{nn}^k \end{bmatrix} \tag{4-2}$$

式中，a_{ij}^k 表示第 k 个专家给出的同一层次中第 i 个元素与第 j 个元素的相对重要程度的判断值。

(2) 指标权重的确定

指标权重的确定可以通过求解上述判断矩阵的最大特征根所对应的特征向量的方法来计算。针对每一个评判专家构造的两两对比判断矩阵 $\boldsymbol{A}_k$，都可以用特征根 λ_k 和其所对应的特征向量 $\boldsymbol{P}_k$ 来描述，即：

$$\boldsymbol{A}_k\boldsymbol{P}_k=\lambda_k\boldsymbol{P}_k \tag{4-3}$$

依据层次分析法计算权重的方根法，可求得判断矩阵 $\boldsymbol{A}_k$ 的最大特征根所对应的特征向量 $\boldsymbol{P}_{km}$，将其归一化处理后的结果即为第 k 个专家给出的各指标的权重向量，记为 $\boldsymbol{W}_k'=(w_{k1}',w_{k2}',\cdots,w_{kn}')^{\mathrm{T}}$。由此计算得到的权重向量必须进行一致性检验，若判断矩阵不满足一致性要求，所得到的权重向量无效，必

须继续构造判断矩阵直至满足一致性要求。

(3) 信度评判矩阵的构造

设 $B=\{B_1,B_2,\cdots,B_m\}$ 为评价群体集，m 为评判专家个数；$C=\{C_1,C_2,\cdots,C_n\}$ 为评价指标集。不同的评判专家 B_k 对不同评价指标 C_i 给出的指标属性值为 $x_{ki}=w'_{ki}(i=1,2,\cdots,n;k=1,2,\cdots,m)$。则信度评判矩阵为：

$$\boldsymbol{X}=\begin{bmatrix} x_{11} & x_{12} & \cdots & x_{1n} \\ x_{21} & x_{22} & \cdots & x_{2n} \\ \vdots & \vdots & & \vdots \\ x_{m1} & x_{m2} & \cdots & x_{mn} \end{bmatrix} \tag{4-4}$$

(4) 参考序列的确定

为更好地体现评判者所给评判信息的离散程度，选取评判者对各评价指标所给评价信息的均值作为参考序列 X_0，记为：

$$X_0=(x_{01},x_{02},\cdots,x_{0n}) \tag{4-5}$$

其中，$x_{0i}=\frac{1}{m}\sum_{k=1}^{m}x_{ki}$ 。

同时，还需要对评价信息进行规范化处理以减少随机因素的干扰，解决评判矩阵的可比性问题。选用均值化方法进行处理，即：

$$y_{ki}=x_{ki}\Big/\sum_{k=1}^{m}x_{ki} \tag{4-6}$$

(5) 灰色关联度的计算

根据灰色系统理论，各个专家对各个指标的重要性经验判断值与参考值之间的灰色关联系数可表示为：

$$\xi_{ki}=\frac{\min\limits_{1\leqslant k\leqslant m}\min\limits_{1<i<n}|y_{0i}-y_{ki}|+\rho\max\limits_{1\leqslant k\leqslant m}\max\limits_{1<i<n}|y_{0i}-y_{ki}|}{|y_{0i}-y_{ki}|+\rho\max\limits_{1\leqslant k\leqslant m}\max\limits_{1<i<n}|y_{0i}-y_{ki}|} \tag{4-7}$$

式中，$\rho\in[0，1]$ 为分辨系数，一般取 0.5；y_{0i} 为规范化处理后的第 i 个指标的参考值。

则构成的关联系数矩阵为：

$$\boldsymbol{\xi}=(\xi_{ki})_{m\times n}=\begin{bmatrix} \xi_{11} & \xi_{12} & \cdots & \xi_{1n} \\ \xi_{21} & \xi_{22} & \cdots & \xi_{2n} \\ \vdots & \vdots & & \vdots \\ \xi_{m1} & \xi_{m2} & \cdots & \xi_{mn} \end{bmatrix} \tag{4-8}$$

为了便于对信息的比较，可用关联度表示比较序列与参考序列间的关联程度：

$$r_{0k}=\frac{1}{n}\sum_{i=1}^{n}\xi_{ki} \tag{4-9}$$

这里关联度的含义反映了不同专家所给的信息与参考信息（即均值信息）的关联程度，其数值越大表明该专家所给的信息就越接近参考均值，信息的离散程度也就越小。

（6）信度系数的构造

定义 4.1 专家所给信息的可信程度称为专家的信度，专家的信度反映了专家在评判过程中所起作用的大小。

定义 4.2 信度系数是信息可信程度大小的定量表示，用 δ 来表示。

根据关联度的含义可知，关联度的大小反映了评价信息的离散程度，而每个专家所给信息的离散程度恰恰也反映了专家对信息的认识程度，关联度越大表明信息的离散程度越小，专家的认知一致性和信息的可靠性就越高，专家所给评判信息的可信程度也就越高。因而，可利用关联度来反映专家所给信息的可信程度，构造评判专家所给信的信度系数，则第 k 个评判者的信度系数可以表示为：

$$\delta_k=r_{0k}\bigg/\sum_{k=1}^{m}r_{0k} \tag{4-10}$$

信度系数是通过计算每个评判专家给出的评判信息与参考信息的关联程度得到的，关联程度越大说明该评判专家所给信息的有效程度就越高，可信性就越强，相应的信度系数就越大。信度系数的大小反映了评判者在评判过程中所起作用的大小和认知的一致程度，是人的认知特性的定量表示。由 m 个评判者的信度系数构成的信度系数矩阵可以表示为：

$$\boldsymbol{\delta}=(\delta_k)_{1\times m}=[\delta_1,\delta_2,\cdots,\delta_m] \tag{4-11}$$

（7）综合权重的获得

由层次分析法得到的指标权重，没有充分考虑评判者在评判过程中的作用大小，忽视了人认知的灰色性，所得到的指标权重存在一定的片面性。然而利用灰色系统理论构造信度系数不仅可以从评判专家所给信息本身的内在联系探究信息的有效性、可信性，从而反映各个评判专家在评判过程中所起作用的大小，而且可以解决信息的不充足、不完备问题，因此利用信度系数修正层次分析法得到的指标权重是可行的。修正后得到的综合权重为：

$$W = \boldsymbol{\delta} X \tag{4-12}$$

各指标的综合权重向量即为 $W=(w_1, w_2, \cdots, w_n)$。

4.3.3 实例验证

为验证基于信度系数的评价指标权重分配方法的可行性，现利用本书提出的方法计算旋转选择操纵器客观评价指标的权重。旋转选择操纵器包括旋钮的高度、旋钮的宽度、旋钮的长度和旋钮的转角位移四个客观评价指标。

首先，聘请 4 位专家对 4 个指标建立两两比较判断矩阵：

$$A_1 = \begin{bmatrix} 1 & 5 & 3 & 3 \\ 1/5 & 1 & 1/3 & 1/3 \\ 1/3 & 3 & 1 & 1/3 \\ 1/3 & 3 & 3 & 1 \end{bmatrix}$$

$$A_2 = \begin{bmatrix} 1 & 5 & 4 & 2 \\ 1/5 & 1 & 1/3 & 1/4 \\ 1/4 & 3 & 1 & 1/4 \\ 1/2 & 4 & 4 & 1 \end{bmatrix}$$

$$A_3 = \begin{bmatrix} 1 & 4 & 3 & 2 \\ 1/4 & 1 & 1/3 & 1/3 \\ 1/3 & 3 & 1 & 1/4 \\ 1/2 & 3 & 4 & 1 \end{bmatrix}$$

$$A_4 = \begin{bmatrix} 1 & 1/5 & 1/4 & 1/2 \\ 5 & 1 & 3 & 3 \\ 4 & 1/3 & 1 & 3 \\ 2 & 1/3 & 1/3 & 1 \end{bmatrix}$$

根据公式(4-3) 可求得由 4 位不同专家得到的指标权重向量分别为：

$$W_1' = (0.513, 0.075, 0.150, 0.260)^T$$

$$W_2' = (0.484, 0.067, 0.125, 0.323)^T$$

$$W_3' = (0.452, 0.083, 0.144, 0.319)^T$$

$$W_4' = (0.078, 0.509, 0.278, 0.135)^T$$

一致性检验得到 $CR_1 = 0.087 < 0.1$，$CR_2 = 0.047 < 0.1$，$CR_3 = 0.087 < 0.1$，$CR_4 = 0.035 < 0.1$，均满足一致性要求，说明上面得到的权重向量有效。

然后，构造信度评判矩阵为：

$$X=\begin{bmatrix} 0.513 & 0.075 & 0.150 & 0.260 \\ 0.484 & 0.067 & 0.125 & 0.323 \\ 0.452 & 0.083 & 0.144 & 0.319 \\ 0.078 & 0.509 & 0.278 & 0.135 \end{bmatrix}$$

将信度评判矩阵利用均值化生成法进行规范化处理得到：

$$Y=\begin{bmatrix} 0.336 & 0.102 & 0.216 & 0.251 \\ 0.317 & 0.091 & 0.180 & 0.311 \\ 0.296 & 0.113 & 0.202 & 0.308 \\ 0.051 & 0.693 & 0.401 & 0.130 \end{bmatrix}$$

于是得到参考序列为$Y_0=(0.250,0.250,0.250,0.250)$。利用灰色关联分析计算得到灰色关联系数矩阵为：

$$\xi=\begin{bmatrix} 0.724 & 0.602 & 0.871 & 1 \\ 0.771 & 0.585 & 0.763 & 0.787 \\ 0.832 & 0.621 & 0.826 & 0.796 \\ 0.529 & 0.335 & 0.597 & 0.652 \end{bmatrix}$$

4位专家所给信息与参考信息的关联度分别为$r_{01}=0.799$，$r_{02}=0.727$，$r_{03}=0.769$，$r_{04}=0.528$。由公式(4-10)得到各专家的信度系数分别为$\delta_1=0.283$，$\delta_2=0.258$，$\delta_3=0.272$，$\delta_4=0.187$。利用信度系数对传统层次分析法得到的指标权重进行修正，从而得到修正后的综合权重向量为$W=(0.306,0.156,0.165,0.269)$。

可见，基于信度系数的评价指标权重分配方法不仅物理意义明确，方法简单明了，而且可操作性强，对于解决多专家权重信息的集结问题是一种十分可行的方法。

4.3.4 结果分析

上面计算得到的权重向量是采用信度系数修正后得到的结果，如果不进行修正，而采用常规的几何平均集结的方法得到的综合权重向量应为$W_{常}=(0.292,0.184,0.174,0.259)$。两种方法所得到的权重分配结果的对比情况如图4.3所示。

从图4.3可以看出，经信度系数修正所得到的权值与采用均值方法得到的权值显然是不同的。采用常规方法得到的权值与修正后的权值相比，各指标权重的误差经计算分别为4.57%、17.9%、5.45%、3.71%。之所以出现这种现象主要是因为常规方法忽略了评判者在评判过程中所起的作用对权重分配结果的影响。因此，当评判者由于专业背景、认知水平、思维方式等差异而做出不同的判断时必须对权重进行修正，否则会出现偏差，各评判者所给信息的差异程度越大，出现的偏差也就越大。

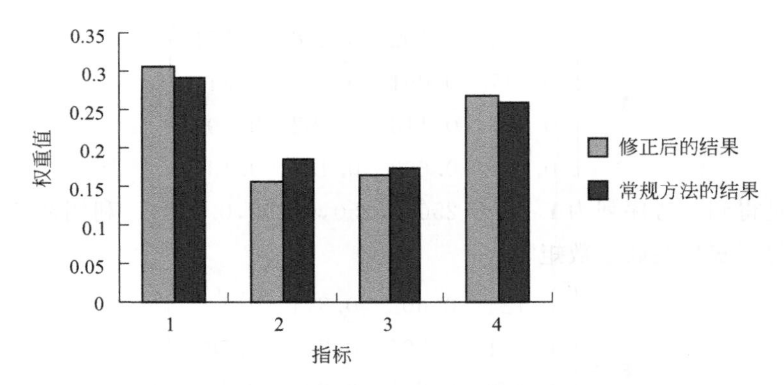

图4.3　两种方法得到的权重分配结果对比图（1）

当各评判者所给的信息趋于一致时，采用信度系数修正得到的权值和常规方法得到的权值也应该是一致的。通过分析发现，前三个专家的判断基本趋于一致，为此，针对前三个专家的评判结果，采用本书提出的方法和常规的方法重新计算了权重值，得到的结果分别为$\boldsymbol{W}=(0.484,0.074,0.139,0.297)$，$\boldsymbol{W}_{常}=(0.483,0.075,0.140,0.301)$。两种结果的对比情况如图4.4所示。

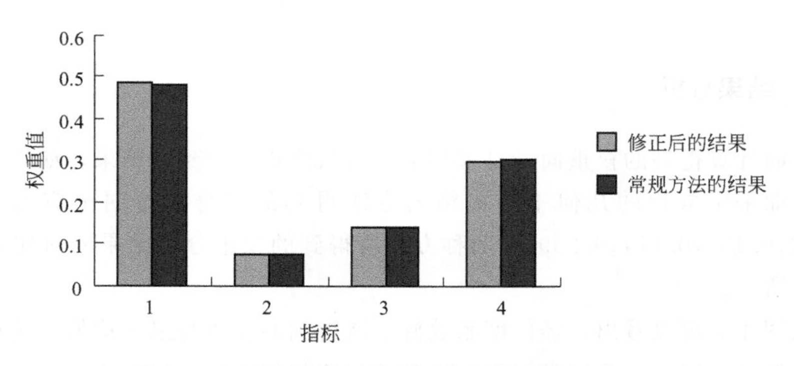

图4.4　两种方法得到的权重分配结果对比图（2）

从图 4.4 可以很清楚地看出，两种方法计算得到的权重结果基本相同，这时常规方法相对于基于信度系数的权重分配方法计算得到的各指标权重的误差分别为 0.5%、1.35%、0.72%、1.36%，可见，两者的误差值很小。这也恰恰说明了信度系数的大小取决于专家所给信息的离散程度，当专家所给信息的一致程度较高，即各专家对问题的认识趋于一致时，各专家的信度系数也应该是基本相等的，自然得到与常规方法趋于一致的结果。因此，在专家判断趋于一致的情况下，两种方法得到一致的结果是正常的，同时也说明了所提出方法的正确性。

然而，在实际判断时，由于评判者思考问题的角度、专业背景、知识水平等的差异，做出不同的判断是正常的，很难给出完全一致的判断。因此，对于多专家权重信息集结问题，在大多数情况下，尤其是专家所给的评判信息存在较大分歧时，对权重进行修正是必不可少的。

上面的两个例子同时也说明，当评判专家给出不同的信息时，信度系数对其进行修正的幅度是不同的，这也正说明了信度系数是通过信息本身来反映专家的可信度大小，具有较强的客观性。采用信度系数修正指标权重的优势在于引入灰色理论，从信息的内在规律反映了专家所给信息的可信程度，实现了信息信度的定量描述；同时信度系数调整权重幅度的大小取决于信息自身所包含的信息，随着信息的变化，调整的幅度大小也是变化的，从而保证了权重分配结果的正确性、客观性。因此，当各专家的判断不一致时，必须采用信度系数从信息的内在规律予以修正，才能得到正确的权重分配结果。

可见，信度系数从所给信息本身挖掘出专家信度的大小，充分体现了所给信息的可信程度，实现了人的认知特性的定量描述，解决了人的认知特性难以量化的难题；同时利用信度系数确定指标权重充分考虑了人认知的灰色性，减少了主观因素的干扰，有效地实现了多专家权重信息的集结，避免了传统层次分析法确定权重时存在的缺陷。因此，利用基于信度系数的指标权重分配方法确定权重，可以使权重的分配更趋明确合理，结果更加科学可靠。

4.4 多指标权重分配方法的构建

4.4.1 灰关联层次分析法的提出

层次分析法能将思维判断数量化，对于有效地确定评价指标的权重发挥了

重要的作用。然而，人机界面评价指标体系是一个庞大的体系，指标数据量大且指标间相互关联，同时许多评价指标又带有很大的灰色性，在某些层次中指标的数目往往很多，这时如果采用两两比较判断的方式，判断的次数相对较多，有可能超出人的判断能力，使人的思维产生混乱，影响权重分配结果的准确性。因此，在指标数目较多的情况下，如何采用适当的方式构造评判矩阵对权重分配结果的科学性、可靠性起着重要的作用。

鉴于上述情况，考虑到灰色关联分析是处理具有灰色特征系统的有效方法，而且在建立灰色判断矩阵时，评判者做出判断的次数与评价指标的个数相等，均为 n 次，而层次分析法两两比较判断的次数为 $(N^2-N)/2$。显然，评价指标的数目 n 越大，两两比较判断的次数也就越多，且远远大于建立灰色判断矩阵的判断次数。因此，针对层次分析法在处理多指标权重时存在的一些问题，将处理灰色信息的灰色理论引入到层次分析法中，将灰色关联分析和层次分析有机结合，利用灰色关联分析法构造两两比较判断矩阵，解决多指标情况下判断矩阵难以构造的问题，有效地实现多指标的权重分配。灰关联层次分析法的实现过程如图 4.5 所示。

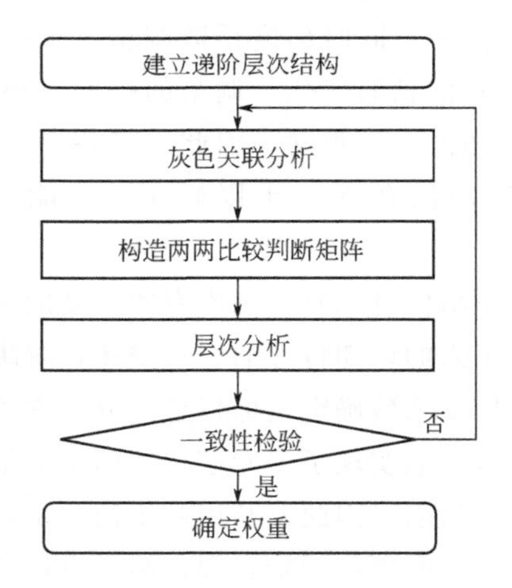

图 4.5　灰关联层次分析法的实现过程

4.4.2　灰关联层次分析法的基本原理

(1) 灰色评判矩阵的建立

设 $B=(B_1,B_2,\cdots,B_m)$ 为评价群体集，m 为评判专家个数；$A=(A_1,$

$A_2, \cdots, A_n$）为评价指标集。不同的评判专家 B_j 对不同评价指标 A_i 给出的评价指标的重要性属性值为 x_{ij} $(i=1,2,\cdots,n; j=1,2,\cdots,m)$，则评判矩阵为：

$$X=(x_{ij})_{n\times m}=\begin{bmatrix} x_{11} & x_{12} & \cdots & x_{1m} \\ x_{21} & x_{22} & \cdots & x_{2m} \\ \vdots & \vdots & & \vdots \\ x_{n1} & x_{n2} & \cdots & x_{nm} \end{bmatrix} \tag{4-13}$$

(2) 参考序列的确定

从 $X_1, X_2, \cdots, X_n$ 中挑选一个最大的重要属性值作为“公共”参考值，各个专家的参考值均赋予此值，从而组成参考数据列 X_0，$X_0=(x_{01}, x_{02}, \cdots, x_{0m})$。其中 $x_{0j}=\max\limits_{1\leqslant i\leqslant n} \max\limits_{1\leqslant j\leqslant m} x_{ij}$。为了增加序列的可比性，可采用均值化的方法进行规范化处理。

(3) 灰色关联度的计算

根据灰色系统理论利用公式(4-7) 和公式(4-8) 计算各个专家对各个指标的重要性经验判断值与“公共”参考值之间的灰色关联系数以及关联矩阵，并得到各指标与参考序列之间的灰色关联度为：

$$r_{0i}=\frac{1}{m}\sum_{j=i}^{m}\xi_{ij} \tag{4-14}$$

各个指标的关联度大小直接反映了各个评价指标相对于参考序列的相对关联程度。由于各指标是相对于同一参考序列的相关程度，因而依据这一点可利用关联度构造成对比较判断矩阵。

(4) Ⅰ型判断矩阵的构造及权重计算

定义 4.3 令 $\beta_{ki}^{\mathrm{I}}=\dfrac{r_{0k}}{r_{0i}}$，表示指标 a_k 与指标 a_i 相比，在同一准则下接近于理想序列的程度，称为优势度Ⅰ，其反映了指标之间的优先关系，即相对重要程度。

若 $\beta_{ki}^{\mathrm{I}}=1$，则指标 a_k 和指标 a_i 同样重要；若 $\beta_{ki}^{\mathrm{I}}>1$，则指标 a_k 比指标 a_i 重要，此时 β_{ki}^{I} 越大，表示指标 a_k 和指标 a_i 相比就越重要；若 $\beta_{ki}^{\mathrm{I}}<1$，则指标 a_k 比指标 a_i 次重要，此时 β_{ki}^{I} 越小，表示指标 a_k 和指标 a_i 相比就越不重要。

定义 4.4 由优势度Ⅰ构造的判断矩阵称为Ⅰ型判断矩阵 $\boldsymbol{E}$。

Ⅰ型判断矩阵 $\boldsymbol{E}$ 可表示为：

$$E=(\beta_{ki}^{\mathrm{I}})_{n\times n}=\begin{bmatrix}\beta_{11}^{\mathrm{I}} & \beta_{12}^{\mathrm{I}} & \cdots & \beta_{1n}^{\mathrm{I}}\\ \beta_{21}^{\mathrm{I}} & \beta_{22}^{\mathrm{I}} & \cdots & \beta_{2n}^{\mathrm{I}}\\ \vdots & \vdots & & \vdots\\ \beta_{n1}^{\mathrm{I}} & \beta_{n2}^{\mathrm{I}} & \cdots & \beta_{nn}^{\mathrm{I}}\end{bmatrix} \tag{4-15}$$

定理 4.1 由定义 4.3 可很容易证得，Ⅰ型判断矩阵具有以下的一些性质：

① $\beta_{kk}^{\mathrm{I}}=1$；

② $\beta_{ki}^{\mathrm{I}}=\dfrac{1}{\beta_{ik}^{\mathrm{I}}}$。

对于 $n\times n$ 阶矩阵，若对于所有的 $k,i=1,2,\cdots,n$ 满足上面的两个性质，则矩阵为正互反矩阵，因此，构造的Ⅰ型判断矩阵为正互反矩阵。

根据定义 4.3 可知，Ⅰ型判断矩阵中的各向量满足：$\beta_{ki}^{\mathrm{I}}=\dfrac{r_{0k}}{r_{0i}}$，$\beta_{kj}^{\mathrm{I}}=\dfrac{r_{0k}}{r_{0j}}$，$\beta_{ij}^{\mathrm{I}}=\dfrac{r_{0i}}{r_{0j}}$，所以有 $\beta_{ki}^{\mathrm{I}}=\dfrac{\beta_{kj}^{\mathrm{I}}}{\beta_{ij}^{\mathrm{I}}}$。由矩阵轮的相关理论可知，满足上述条件的矩阵为一致性矩阵。

由此可知所构造的Ⅰ型判断矩阵为正互反一致性判断矩阵，其具有正互反一致性判断矩阵的所有性质，所以利用此判断矩阵可直接求解权重而不必进行一致性检验。当判断矩阵不具备一致性时，虽然可经过多次调整使其满足一致性要求，但无疑会增加计算的工作量，影响层次分析法的可操作性。当判断矩阵满足一致性要求时，评判者给出的判断信息具有有效性，说明由此构造的判断矩阵保持了判断思维的一致性。

在利用此方法构造的判断矩阵的基础上，利用层次分析法的方根法可计算出各评价指标的权重。由于所构造的Ⅰ型判断矩阵自然满足一致性要求，所以可省去一致性检验，使得权重的计算过程更加简洁、方便。

(5) Ⅱ型判断矩阵的构造及权重计算

定义 4.5 令 $\beta_{ki}^{\mathrm{II}}=\dfrac{r_{0k}}{r_{0k}+r_{0i}}$，表示指标 a_k 与指标 a_i 相比，在同一准则下接近于理想序列的程度，称为优势度Ⅱ，其反映了指标之间的优先关系，即相对重要程度。

若 $\beta_{ki}^{\mathrm{II}}=0.5$，则指标 a_k 和指标 a_i 同样重要；若 $\beta_{ki}^{\mathrm{II}}\in(0.5,1]$，则指标 a_k 比指标 a_i 重要，此时 β_{ki}^{II} 越大，表示指标 a_k 和指标 a_i 相比就越重要；若

$\beta_{ki}^{\mathrm{II}}\in[0,\ 0.5)$，则指标 a_k 比指标 a_i 次重要，此时 β_{ki}^{II} 越小，表示指标 a_k 和指标 a_i 相比就越不重要。

定义 4.6 由优势度Ⅱ构造的判断矩阵称为Ⅱ型判断矩阵 $\boldsymbol{F}$。

Ⅱ型判断矩阵 $\boldsymbol{F}$ 可表示为：

$$\boldsymbol{F}=(\beta_{ki}^{\mathrm{II}})_{n\times n}=\begin{bmatrix}\beta_{11}^{\mathrm{II}} & \beta_{12}^{\mathrm{II}} & \cdots & \beta_{1n}^{\mathrm{II}}\\ \beta_{21}^{\mathrm{II}} & \beta_{22}^{\mathrm{II}} & \cdots & \beta_{2n}^{\mathrm{II}}\\ \vdots & \vdots & & \vdots\\ \beta_{n1}^{\mathrm{II}} & \beta_{n2}^{\mathrm{II}} & \cdots & \beta_{nn}^{\mathrm{II}}\end{bmatrix} \tag{4-16}$$

定理 4.2 由定义 4.5 可很容易证得，Ⅱ型判断矩阵具有以下的一些性质：

① $0<\beta_{ki}^{\mathrm{II}}<1$；

② $\beta_{kk}^{\mathrm{II}}=0.5$；

③ $\beta_{ki}^{\mathrm{II}}+\beta_{ik}^{\mathrm{II}}=1$。

根据矩阵轮理论，对于 $n\times n$ 阶矩阵，若对于所有的 $k,i=1,2,\cdots,n$ 满足上述性质，则矩阵为模糊互补矩阵，因此，所构造的Ⅱ型判断矩阵为模糊互补矩阵。对于模糊互补矩阵必须满足 $\beta_{ki}^{\mathrm{II}}=\beta_{kj}^{\mathrm{II}}-\beta_{ji}^{\mathrm{II}}+0.5$ 时，才具有一致性，但根据上述定义还不能证明Ⅱ型判断矩阵为模糊一致性互补矩阵，因此，利用其求解权重必须进行一致性检验，或者利用张吉军提出的模糊互补判断矩阵的求解方法，先将矩阵转换为模糊一致性互补矩阵，再确定指标权重，具体方法如下。

首先，将模糊互补判断矩阵 $\boldsymbol{F}=(\beta_{ki}^{\mathrm{II}})_{n\times n}$ 各行元素求和，记为 $r_k=\sum\limits_{i=1}^{n}\beta_{ki}^{\mathrm{II}}$，$k=1,2,\cdots,n$，并转换为：

$$r_{ki}=\frac{r_k-r_i}{2(n-1)}+0.5 \tag{4-17}$$

然后，求得各指标的权重为：

$$w_k=\frac{1}{n}-\frac{n}{4\alpha(n-1)}+\frac{1}{2\alpha(n-1)}\sum_{i=1}^{n}\beta_{ki}^{\mathrm{II}} \tag{4-18}$$

式中，α 满足：$\alpha\geqslant\dfrac{n-1}{2}$，一般当 n 较大时取 $\alpha=\dfrac{n-1}{2}$。

相应的权重向量记为 $\boldsymbol{W}=(w_1,w_2,\cdots,w_n)^{\mathrm{T}}$。

4.4.3 研究案例

为验证上面提出的两种通过构造判断矩阵确定指标权重的方法的可行性，现以计算机监控界面中显示界面的评价指标权重的确定过程为例说明所提出的方法。第 3 章已建立了相关的评价指标，其一级层次结构如表 3.10 所示，由 11 个评价指标构成。

为确定计算机显示界面的各指标权重大小，聘请 8 位专家针对上述 11 个子评价指标相对总指标的相对影响程度打分，建立相应的灰色评判矩阵为：

$$\boldsymbol{X}=\begin{bmatrix} 7 & 6 & 7.5 & 6.5 & 8 & 7.5 & 6 & 6.5 \\ 4 & 5 & 4.5 & 6 & 7 & 5 & 5.5 & 4 \\ 8 & 8.5 & 7.5 & 6.5 & 8 & 8.5 & 8 & 9 \\ 6.5 & 7.5 & 6 & 7 & 8 & 7.5 & 6.5 & 8 \\ 7.5 & 8 & 6 & 7.5 & 6 & 7.5 & 8 & 6.5 \\ 8 & 8.5 & 8 & 7.5 & 6 & 6.5 & 7 & 8.5 \\ 7 & 7.5 & 8 & 6.5 & 7 & 5 & 6 & 6.5 \\ 8.5 & 8 & 7.5 & 8 & 8.5 & 7 & 7.5 & 8 \\ 7 & 6.5 & 7 & 6 & 7.5 & 6.5 & 6 & 7.5 \\ 8 & 8.5 & 9 & 7.5 & 8 & 8.5 & 7.5 & 8.5 \\ 4.5 & 5 & 6 & 5.5 & 6.5 & 6 & 6.5 & 5 \end{bmatrix}$$

然后，进行规范化处理，得到规范化矩阵：

$$\boldsymbol{X}=\begin{bmatrix} 0.092 & 0.076 & 0.114 & 0.087 & 0.099 & 0.099 & 0.081 & 0.083 \\ 0.053 & 0.063 & 0.068 & 0.081 & 0.087 & 0.066 & 0.074 & 0.051 \\ 0.105 & 0.108 & 0.114 & 0.087 & 0.099 & 0.113 & 0.108 & 0.115 \\ 0.086 & 0.095 & 0.091 & 0.094 & 0.099 & 0.099 & 0.087 & 0.103 \\ 0.099 & 0.101 & 0.091 & 0.01 & 0.075 & 0.099 & 0.105 & 0.083 \\ 0.105 & 0.108 & 0.121 & 0.01 & 0.075 & 0.086 & 0.094 & 0.109 \\ 0.092 & 0.095 & 0.121 & 0.087 & 0.087 & 0.066 & 0.081 & 0.083 \\ 0.112 & 0.101 & 0.114 & 0.108 & 0.106 & 0.093 & 0.101 & 0.103 \\ 0.092 & 0.082 & 0.106 & 0.081 & 0.093 & 0.086 & 0.081 & 0.096 \\ 0.105 & 0.108 & 0.136 & 0.01 & 0.099 & 0.113 & 0.101 & 0.109 \\ 0.059 & 0.063 & 0.091 & 0.074 & 0.081 & 0.079 & 0.087 & 0.064 \end{bmatrix}$$

相应的参考序列为：

$$X_0=(0.136,0.136,0.136,0.136,0.136,0.136,0.136,0.136)$$

然后，依据式(4-14)计算各指标的灰色关联度，并构造Ⅰ型判断矩阵为：

$$\boldsymbol{E}=\begin{bmatrix}
1.000 & 1.243 & 0.868 & 1.008 & 1.068 & 0.975 & 1.014 & 0.886 & 1.024 & 0.878 & 1.196\\
0.804 & 1.000 & 0.698 & 0.811 & 0.859 & 0.785 & 0.815 & 0.713 & 0.823 & 0.707 & 0.962\\
1.152 & 1.432 & 1.000 & 1.162 & 1.231 & 1.123 & 1.167 & 1.021 & 1.179 & 1.011 & 1.377\\
0.992 & 1.232 & 0.861 & 1.000 & 1.059 & 0.967 & 1.005 & 0.879 & 1.016 & 0.871 & 1.185\\
0.936 & 1.163 & 0.813 & 0.944 & 1.000 & 0.912 & 0.948 & 0.829 & 0.958 & 0.822 & 1.118\\
1.025 & 1.275 & 0.890 & 1.034 & 1.095 & 1.000 & 1.039 & 0.909 & 1.050 & 0.901 & 1.225\\
0.986 & 1.226 & 0.856 & 0.995 & 1.054 & 0.962 & 1.000 & 0.874 & 1.010 & 0.867 & 1.179\\
1.128 & 1.402 & 0.979 & 1.138 & 1.205 & 1.100 & 1.144 & 1.000 & 1.155 & 0.991 & 1.348\\
0.976 & 1.214 & 0.843 & 0.984 & 1.043 & 0.952 & 0.989 & 0.865 & 1.000 & 0.858 & 1.167\\
1.138 & 1.415 & 0.988 & 1.148 & 1.216 & 1.110 & 1.154 & 1.009 & 1.166 & 1.000 & 1.361\\
0.836 & 1.039 & 0.726 & 0.844 & 0.894 & 0.894 & 0.816 & 0.847 & 0.741 & 0.857 & 1.000
\end{bmatrix}$$

基于所构造的Ⅰ型判断矩阵，利用特征根法求得的各指标权重为：$w_1=0.091$，$w_2=0.073$，$w_3=0.104$，$w_4=0.090$，$w_5=0.085$，$w_6=0.093$，$w_7=0.089$，$w_8=0.102$，$w_9=0.089$，$w_{10}=0.103$，$w_{11}=0.076$。

经计算所构造的Ⅰ型判断矩阵最大特征根 $\lambda_{\max}=n=11$，说明由此方法构造的判断矩阵具有完全一致性，不必进行一致性检验，同时也表明构造的判断矩阵符合人们的思维特点。

同时，由灰色关联度构造的Ⅱ型判断矩阵可以表示为：

$$\boldsymbol{F}=\begin{bmatrix}
0.500 & 0.554 & 0.465 & 0.502 & 0.516 & 0.494 & 0.503 & 0.469 & 0.506 & 0.468 & 0.545\\
0.446 & 0.500 & 0.411 & 0.448 & 0.462 & 0.439 & 0.449 & 0.416 & 0.452 & 0.414 & 0.490\\
0.535 & 0.589 & 0.500 & 0.537 & 0.552 & 0.529 & 0.538 & 0.505 & 0.541 & 0.503 & 0.579\\
0.498 & 0.552 & 0.463 & 0.500 & 0.514 & 0.492 & 0.501 & 0.468 & 0.504 & 0.466 & 0.542\\
0.483 & 0.538 & 0.448 & 0.486 & 0.500 & 0.477 & 0.487 & 0.453 & 0.489 & 0.451 & 0.528\\
0.506 & 0.560 & 0.471 & 0.508 & 0.523 & 0.500 & 0.519 & 0.476 & 0.512 & 0.474 & 0.551\\
0.497 & 0.551 & 0.462 & 0.499 & 0.513 & 0.490 & 0.500 & 0.467 & 0.503 & 0.464 & 0.541\\
0.531 & 0.584 & 0.495 & 0.532 & 0.547 & 0.524 & 0.533 & 0.500 & 0.536 & 0.498 & 0.574\\
0.494 & 0.548 & 0.459 & 0.496 & 0.511 & 0.488 & 0.497 & 0.464 & 0.500 & 0.462 & 0.539\\
0.532 & 0.586 & 0.497 & 0.534 & 0.549 & 0.526 & 0.536 & 0.502 & 0.538 & 0.500 & 0.576\\
0.455 & 0.510 & 0.421 & 0.457 & 0.472 & 0.449 & 0.459 & 0.426 & 0.461 & 0.424 & 0.500
\end{bmatrix}$$

利用公式(4-17) 将Ⅱ型判断矩阵转换为一致性矩阵为：

$$
\boldsymbol{F}=\begin{bmatrix}
0.500 & 0.529 & 0.480 & 0.501 & 0.509 & 0.431 & 0.502 & 0.483 & 0.503 & 0.482 & 0.524 \\
0.471 & 0.500 & 0.451 & 0.471 & 0.479 & 0.467 & 0.472 & 0.454 & 0.473 & 0.453 & 0.495 \\
0.520 & 0.549 & 0.500 & 0.520 & 0.528 & 0.516 & 0.521 & 0.503 & 0.523 & 0.502 & 0.544 \\
0.499 & 0.529 & 0.480 & 0.500 & 0.508 & 0.495 & 0.501 & 0.482 & 0.502 & 0.481 & 0.523 \\
0.491 & 0.521 & 0.472 & 0.492 & 0.500 & 0.487 & 0.493 & 0.474 & 0.494 & 0.473 & 0.575 \\
0.569 & 0.533 & 0.484 & 0.505 & 0.513 & 0.500 & 0.505 & 0.487 & 0.507 & 0.486 & 0.528 \\
0.498 & 0.528 & 0.479 & 0.499 & 0.507 & 0.495 & 0.500 & 0.482 & 0.501 & 0.481 & 0.523 \\
0.517 & 0.546 & 0.497 & 0.518 & 0.526 & 0.513 & 0.518 & 0.500 & 0.519 & 0.499 & 0.501 \\
0.497 & 0.527 & 0.477 & 0.498 & 0.506 & 0.493 & 0.498 & 0.481 & 0.500 & 0.479 & 0.521 \\
0.580 & 0.547 & 0.498 & 0.519 & 0.527 & 0.514 & 0.519 & 0.501 & 0.510 & 0.500 & 0.542 \\
0.476 & 0.505 & 0.456 & 0.477 & 0.485 & 0.472 & 0.477 & 0.459 & 0.479 & 0.458 & 0.500
\end{bmatrix}
$$

在此基础上，利用式(4-18) 求得各指标的权重为：$w_1=0.091$，$w_2=0.0878$，$w_3=0.0932$，$w_4=0.091$，$w_5=0.0901$，$w_6=0.092$，$w_7=0.0909$，$w_8=0.09294$，$w_9=0.0907$，$w_{10}=0.09295$，$w_{11}=0.0884$。

由此可见，利用灰色关联度构造了两种类型的判断矩阵，并求得了各指标的权重，实现了灰色关联分析和层次分析方法的有机结合，解决了评价指标数目较多时评价指标的权重分配问题。

4.4.4 结果分析

(1) 两种构造方法的比较分析

为了比较所提出的两种判断矩阵构造方法，现将上述案例中利用不同的判断矩阵计算得到的权重结果进行整理，并按指标的重要性大小进行排序，排序结果如表 4.1 所示。

表 4.1 两种构造方法的结果比较

重要性序号	Ⅰ型判断矩阵		Ⅱ型判断矩阵	
	指标序号	权值	指标序号	权值
1	3	0.104	3	0.09320
2	10	0.103	10	0.09295
3	8	0.102	8	0.09294
4	6	0.093	6	0.09200

续表

重要性序号	Ⅰ型判断矩阵		Ⅱ型判断矩阵	
	指标序号	权值	指标序号	权值
5	1	0.091	1	0.09120
6	4	0.090	4	0.09100
7	7	0.089	7	0.09090
8	9	0.089	9	0.09070
9	5	0.085	5	0.09010
10	11	0.076	11	0.08840
11	2	0.073	2	0.08780

从表4.1可以清楚地看出，由所构造的Ⅰ型判断矩阵和Ⅱ型判断矩阵计算得到的各指标重要性排序的结果完全一致，说明用灰色关联分析法构造判断矩阵是可行的，两种构造方法皆有效、合理。

通过观察各指标对应的权值，可发现由Ⅰ型判断矩阵得到的权重分配结果的分辨率比由Ⅱ型判断矩阵得到的权重分配结果的分辨率高得多，能更清楚地反映各指标之间重要性的差异，而且理论和实际案例都证明所构造的Ⅰ型判断矩阵能自然满足一致性要求，省去了烦琐的一致性检验，增强了层次分析法的可操作性。可见，Ⅰ型判断矩阵比Ⅱ型判断矩阵具有更多的优点，利用Ⅰ型判断矩阵求解权重不仅更加简洁、方便、可操作性强，而且分辨率高，具有更好的实用价值。因此，在指标数目较多时，应采用Ⅰ型判断矩阵进行评价指标权重的分配。

(2) 权重分配结果的稳定性分析

主观赋权时权重分配结果的准确程度取决于赋权专家的数量，专家人数越多，结果的可信性相应就越高些，一般情况下，根据经验所选专家的人数在5～11人。为分析权重分配结果的稳定性，本书针对评判专家人数不同时的权重分配结果进行了计算和比较分析，得出了利用Ⅰ型判断矩阵计算评价指标权重时，当评判专家人数在5～12人之间变化时，所对应的各指标权重的变化情况。如图4.6所示。

从图4.6可以看出，随着评判专家人数的增加，各指标权重的变化逐渐趋于平稳。当评价专家的人数达到10人时，各指标的权重值已基本变化不大，权重分配结果趋于稳定。这一结果与文献［115，116］的结论基本吻合。因此，评判过程中专家的人数可选择10人。

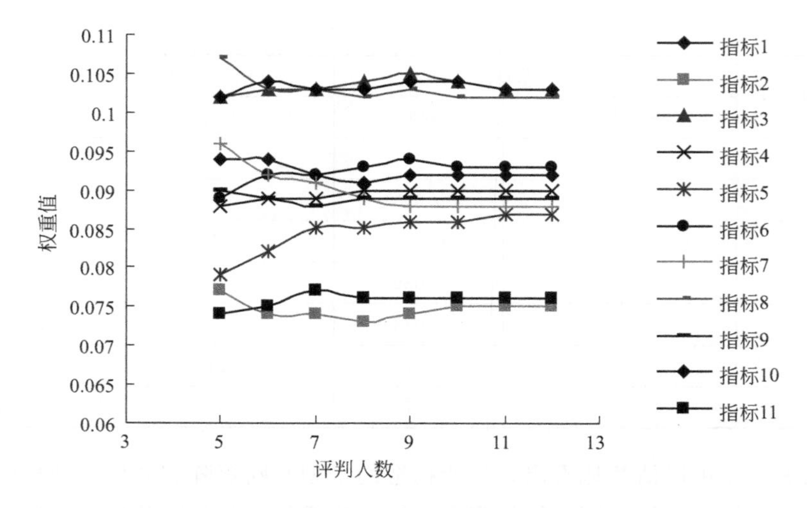

图 4.6　指标权重与评判人数的关系曲线

4.5　本章小结

本章在分析传统层次分析法定权时存在的主要问题的基础上，根据人机界面评价的特点，提出了基于信度系数的指标权重分配方法和基于灰关联层次分析的多指标权重分配方法。基于信度系数的人机界面指标权重分配方法利用灰色理论对层次分析法进行修正，从整体相似性的角度构造专家判断的信度系数，实现了认知特性的定量描述，解决了多专家评判信息的集结。实例研究表明，该权重分配方法不仅概念清晰、简单明了，而且可操作性强，减小了主观因素对权重的影响，使权重的分配更趋明确合理，结果更加科学可靠。基于灰关联层次分析的多指标权重分配方法利用灰色关联度从整体分析的角度构造Ⅰ型和Ⅱ型判断矩阵，解决了指标数目过多时两两比较判断次数过多的问题。实例研究表明Ⅰ型判断矩阵不仅简洁方便、可操作性强，而且分辨率高，适合于指标过多时权重的分配问题。

第5章 人机界面不确定信息评价模型的建立

5.1 引言

人机界面评价可归结为具有多属性、多层次、不确定信息的复杂系统评价问题，评价过程中包含许多非确知的信息，对其评价具有极大的复杂性和艰巨性。正是由于评判信息的不确定性，导致评判者很难给出精确的量化信息，评价信息常常以区间数的形式出现。对于评价信息值为区间数的复杂系统评价问题的研究已引起国内外学者的广泛关注，许多学者基于不同的角度对此类问题进行了研究和探索，提出了一些有价值的研究方法。这些学者分别以不同的方式采用区间的形式处理不确定信息，在一定程度上解决了不确定信息的描述问题。尽管区间数和区间灰数都能描述信息的不确定性，然而，它们却具有不同的内涵，对于一些复杂系统，使用区间灰数更便于表述不确定信息。为此，本书引入区间灰数来处理人机界面评价过程中的不确定信息，实现不确定信息的定量描述。

5.2 区间灰数的概念

5.2.1 区间灰数的定义

灰数是指所包含的信息不完全，难以精确描述的数，通常情况下灰数用数集的方式来描述，记为 $a(\otimes)$；对于既有上限又有下限的灰数称为区间灰数，即为 $a(\otimes)=[a^L,a^R]$。

区间灰数与区间数的区别在于：

① 区间灰数的信息覆盖为区间，其白化值非唯一并分布在整个区间，但

其真值是唯一的；而区间数在整个区间均为真值。

② 区间数是数的区间，而区间灰数是数的集合。

③ 区间灰数属于有限信息空间，信息是不完全的；而区间数属于无穷信息空间，信息是完全的。

④ 区间灰数在形式上是无度的，而实际上却隐含着度；而区间数在形式和实际上都是无度的。

综上所述，区间灰数与区间数具有不同的内涵，从充分反映评价过程中信息的不确定性、不完全性的角度来看，区间灰数更加适合。

5.2.2 区间灰数的基本运算

设 $a(\otimes)$ 和 $b(\otimes)$ 为两个区间灰数，其中 $a(\otimes)=[a^L, a^R]$，$a^L \leqslant a^R$；$b(\otimes)=[b^L, b^R]$，$b^L \leqslant b^R$，则这两个数的四则运算可以表示为：

$$a(\otimes)+b(\otimes)=[a^L+b^L, a^R+b^R] \tag{5-1}$$

$$a(\otimes)-b(\otimes)=[a^L-b^L, a^R-b^R] \tag{5-2}$$

$$a(\otimes)b(\otimes)=[\min\{a^Lb^L, a^Lb^R, a^Rb^L, a^Rb^R\}, \max\{a^Lb^L, a^Lb^R, a^Rb^L, a^Rb^R\}] \tag{5-3}$$

$$\frac{a(\otimes)}{b(\otimes)}=\left[\min\left\{\frac{a^L}{b^L}, \frac{a^L}{b^R}, \frac{a^R}{b^L}, \frac{a^R}{b^R}\right\}, \max\left\{\frac{a^L}{b^L}, \frac{a^L}{b^R}, \frac{a^R}{b^L}, \frac{a^R}{b^R}\right\}\right] \tag{5-4}$$

区间灰数 $a(\otimes)$ 和 $b(\otimes)$ 之间的距离可以表示为：

$$D_p(a(\otimes), b(\otimes))=[|a^L-b^L|^p+|a^R-b^R|^p]^{1/p}/\sqrt[p]{2} \tag{5-5}$$

当 $p=1$ 时，称 $D_1(a(\otimes), b(\otimes))$ 为区间灰数的海明距离；当 $p=2$ 时，称 $D_2(a(\otimes), b(\otimes))$ 为区间灰数的欧几里得距离。

称 $\overline{a(\otimes)}=\frac{a^L+a^R}{2}$ 为区间灰数 $a(\otimes)$ 的算术平均灰值，$r=\frac{a^R-a^L}{2}$ 为其灰值的半径。

5.3 不确定信息多方案评价模型的构建

5.3.1 方法的提出

对于包含不确定信息的复杂系统多方案评价问题，许多学者做了大量的工作，取得了一定的成绩，文献［117～120］通过不同的方法构造出区间型最优

理想方案，建立了基于区间数的灰色关联决策方法和模型，从而把灰色关联决策方法和模型由实数序列拓展到区间数序列，使灰色理论得到发展，但这些决策方法和模型本质上都是仅仅从曲线几何形状的相似程度寻求最佳的评价方案，而且关联程度还受分辨系数的影响，存在一定的局限性，可能导致评价结果出现偏差；文献［121～123］利用不同的距离计算方法建立了基于正理想点和负理想点的区间型决策方法和模型，然而这些方法和模型对信息的灰色性则考虑得较少，不能充分地反映出评价过程中的不确定信息，而且仅仅从空间曲线的几何位置关系对方案做出评判，也存在着一定的片面性，结果的准确性会受到一定的影响。

本书将在前人研究的基础上利用区间灰数对不确定信息进行处理，构造灰区间绝对关联分析模型和灰区间理想点模型；充分考虑比较序列曲线和参考序列曲线的几何形状相似程度和距离接近程度，提出灰区间相近度指标，建立基于灰区间相近度的综合评价模型，给出相应评价模型的相近度实现方法。从接近性和相似性两个方面寻求曲线序列整体的相近性，从而从整体角度对不确定信息予以评价，避免不确定信息过早地精确化，提高评价结果的客观性、有效性。

5.3.2 灰区间绝对关联分析模型的建立

为描述人机界面评价过程中的不确定信息，将区间灰数引入灰色绝对关联分析方法中，构造了灰区间绝对关联分析模型。

设 $A=\{A_1,A_2,\cdots,A_n\}$ 为待评价人机界面的评价方案集，$B=\{B_1,B_2,\cdots,B_m\}$ 为评价因素集。方案 A_i 在评价因素 B_j 下的属性值为区间灰数 $x_{ij}(\otimes)=[x_{ij}^L,x_{ij}^R]$，$i=1,2,\cdots,n;j=1,2,\cdots,m$。方案 A_i 的评价因素向量记为 $x_i(\otimes)=[x_{i1}(\otimes),x_{i2}(\otimes),\cdots,x_{im}(\otimes)]$，$i=1,2,\cdots,n$。则灰区间评判矩阵记为：

$$\boldsymbol{X}=[x_{ij}(\otimes)]_{n\times m}=\begin{bmatrix} x_{11}(\otimes) & x_{12}(\otimes) & \cdots & x_{1m}(\otimes) \\ x_{21}(\otimes) & x_{22}(\otimes) & \cdots & x_{2m}(\otimes) \\ \vdots & \vdots & & \vdots \\ x_{n1}(\otimes) & x_{n2}(\otimes) & \cdots & x_{nm}(\otimes) \end{bmatrix} \tag{5-6}$$

(1) 灰区间理想方案的确定

令 $s_j(\otimes)=[s_j^L,s_j^R]=[\max\limits_{1\leqslant i\leqslant n}x_{ij}^L,\max\limits_{1\leqslant i\leqslant n}x_{ij}^R]$，$t_j(\otimes)=[t_j^L,t_j^R]=[\min\limits_{1\leqslant i\leqslant n}$

$x_{ij}^{L}, \min\limits_{1\leqslant i\leqslant n} x_{ij}^{R}]$。则灰区间正理想方案可表示为：

$$s(\otimes)=[s_1(\otimes),s_2(\otimes),\cdots,s_m(\otimes)] \tag{5-7}$$

灰区间负理想方案可表示为：

$$t(\otimes)=[t_1(\otimes),t_2(\otimes),\cdots,t_m(\otimes)] \tag{5-8}$$

(2) 灰区间绝对关联度的计算

设灰区间正理想方案评价因素向量如前所述，则称

$$\xi_{ij+1}=\frac{1}{1+|D_{j+1}(s_{j+1}(\otimes),s_j(\otimes))-D_{ij+1}(x_{ij+1}(\otimes),x_{ij}(\otimes))|} \tag{5-9}$$

为各可行方案中各因素相对于正理想方案中各因素的灰区间绝对关联系数。其中 $D_{j+1}(s_{j+1}(\otimes),\ s_j(\otimes))$ 为正理想方案中各评价因素分量间的区间灰数海明距离，$D_{ij+1}(x_{ij+1}(\otimes),\ x_{ij}(\otimes))$ 为不同的评价方案中各评价因素分量间的区间灰数海明距离。并称

$$r_{0i}=\frac{1}{m-1}\sum_{j=1}^{m-1}\xi_{ij+1},\ i=1,2,\cdots,n \tag{5-10}$$

为各可行方案相对于正理想方案的灰区间绝对关联度。灰区间绝对关联度克服了一般关联度的不足，避免了分辨系数ρ的影响，能更好地体现各比较序列曲线之间几何形状的相似程度。

(3) 灰区间绝对关联度的性质

灰区间绝对关联度具有如下的性质：

① 任意性。对于所得到的任意一个灰区间绝对关联度都满足 $0<r_{0i}\leqslant 1$。

② 可比性。对于所得到的灰区间绝对关联度之间可以相互比较大小。

③ 唯一性。由于灰区间绝对关联度与一般的关联度相比，与分辨系数ρ无关，因而避免了因分辨系数而引起的关联度不唯一的问题。

④ 相似性。灰区间绝对关联度与其他关联度的共性都是通过曲线的趋势变化来反映各因素之间的相似程度，即两序列曲线的灰区间绝对关联度越大，则两曲线之间的相似程度就越大。

⑤ 对称性。对于任意两序列曲线 X_i 和 X_j 的灰区间绝对关联度，若满足 $r(x_i,x_j)=r(x_j,x_i)$，则称其具有对称性。根据公式(5-10) 显然有 $r_{ij}=r_{ji}$。

⑥ 几何形状相关性。根据灰区间绝对关联度的公式可知，灰区间绝对关联度只与曲线的几何形状有关，而与它们在空间的相对位置无关。

⑦ 规范性。如果两个序列 X_i 和 X_0 的关联度，满足 $r_i\in(0,\ 1]$，且 $r_i=1$ 当且仅当 $X_i(k)=X_0(k)+C$，$(k=1,2,\cdots,n)$ 其中 C 为常数时，两个序列

曲线相互平行，则此关联度具有规范性。

下面证明灰区间绝对关联度的规范性。

证明：由关联系数的公式可知 $0<\xi_{ij+1}\leqslant 1$，而 $r_{0i}=\dfrac{1}{m-1}\sum_{j=i}^{m-1}\xi_{ij+1}$，所以有 $0<r_{0i}\leqslant 1$。然后，证明当 $r_{0i}=1$ 时，$x_{ij}(k)=x_{0j}(k)+C$。

必要性：若 $r_{0i}=1$，则 $\xi_{ij+1}=1$，$i=1,2,\cdots,n$；$j=1,2,\cdots,m$，则有

$$|D_{j+1}(s_{j+1}(\otimes),s_j(\otimes))-D_{ij+1}(x_{ij+1}(\otimes),x_{ij}(\otimes))|=0$$

$$D_{j+1}(s_{j+1}(\otimes),s_j(\otimes))=D_{ij+1}(x_{ij+1}(\otimes),x_{ij}(\otimes))$$

$$x_{ij}(k)=x_{0j}(k)+C$$

充分性：若 $x_{ij}(k)=x_{0j}(k)+C$，则有

$$\frac{D_{j+1}(s_{j+1}(\otimes),s_j(\otimes))}{D_{ij+1}(x_{ij+1}(\otimes),x_{ij}(\otimes))}=1$$

$$D_{j+1}(s_{j+1}(\otimes),s_j(\otimes))=D_{ij+1}(x_{ij+1}(\otimes),x_{ij}(\otimes))$$

$$|D_{j+1}(s_{j+1}(\otimes),s_j(\otimes))-D_{ij+1}(x_{ij+1}(\otimes),x_{ij}(\otimes))|=0$$

$$\xi_{ij+1}=1$$

$$r_{0i}=1$$

证毕。

由此可见，灰区间绝对关联度具有规范性。

上述性质表明，灰区间绝对关联度通过曲线势态的变化即序列曲线几何形状的相似程度来衡量因素间的接近程度，比较序列曲线的几何形状与理想方案曲线越相似，相应的序列相对于理想方案的灰区间绝对关联度就越大，如图5.1所示，曲线1与理想曲线几何形状的相似程度大于曲线2与理想曲线的相似程度，因此曲线1所对应的方案就比曲线2所对应的方案与理想方案灰区间绝对关联度大。另外，灰区间绝对关联度不受分辨系数的影响，在反映曲线形状的相似性方面有自己的优势，比其他关联度更直接、更真实。因此，根据人机界面评价的实际情况，选用灰区间绝对关联分析模型能更清楚、准确地描述曲线间的相似性。

5.3.3 灰区间理想点模型的建立

理想点法是一种基于距离分析的多指标决策方法。该方法在构造评价问题的正理想解和负理想解的基础上，通过计算评价方案上各点与正理想方案和负理想方案的距离来衡量方案靠近正理想解和远离负理想解的程度，从而对待评价方案作出评价，其评价原理如图5.2所示。

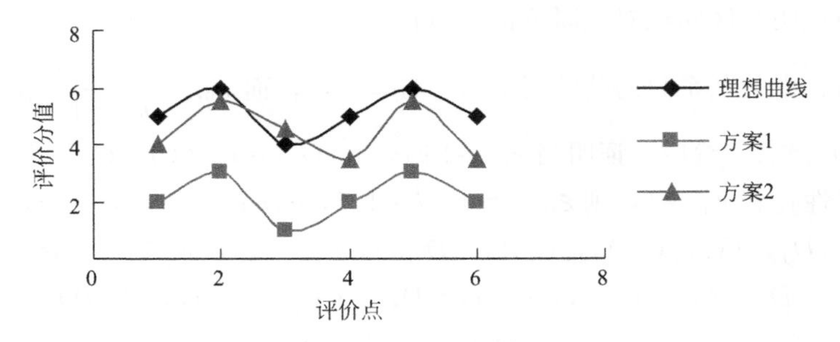

图 5.1　灰区间绝对关联度的示意图

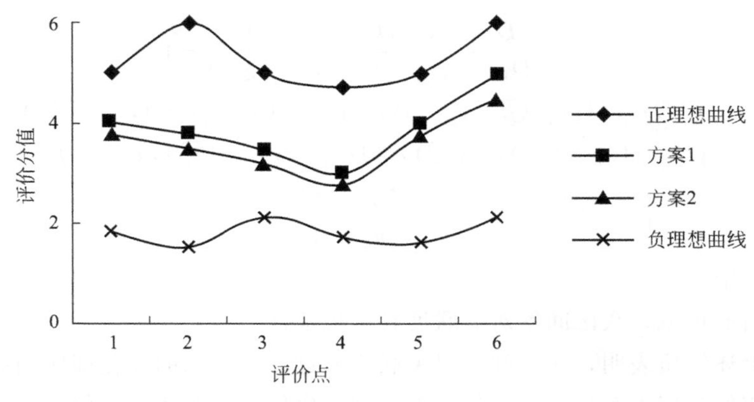

图 5.2　理想点法的示意图

从图 5.2 可以看出，方案 1 与方案 2 相比，方案 1 上各点与正理想曲线上各点的距离最小，并与负理想曲线上各点的距离最大，说明方案 1 与正理想方案的贴近度就大。理想点法的优点在于能够充分利用针对各方案所建立的评判矩阵中的信息，通过衡量方案距最优、最劣方案的相对距离对方案作出评判，原理简单，无需复杂的运算，易于操作。

为描述人机界面评价过程中的不确定信息，将区间灰数引入理想点法中，构造了灰区间理想点评价模型。

首先利用公式(5-6) 构造灰区间评判矩阵，进而用公式(5-7) 和公式(5-8) 确定灰区间正理想方案和灰区间负理想方案。

然后，令各可行方案与正、负理想方案的灰区间距离分别记为：

$$D_i^{+}=\sqrt{\sum_{j=1}^{m}[D_{ij}(x_{ij}(\otimes),s_j(\otimes))]^2} \tag{5-11}$$

$$D_i^- = \sqrt{\sum_{j=1}^{m} [D_{ij}(x_{ij}(\otimes), t_j(\otimes))]^2} \tag{5-12}$$

则各可行方案与理想方案的灰区间距离贴近度为：

$$E_i = D_i^- / (D_i^+ + D_i^-) \tag{5-13}$$

灰区间距离贴近度反映了各比较序列曲线与最优参考序列曲线之间的空间位置关系，灰区间距离贴近度的数值越大，表明相应的曲线越接近于最优参考序列曲线，对应的方案也就越接近于正理想方案。灰区间距离贴近度具有简洁直观、可操作性强的特点。

5.3.4 灰区间相近度的提出

灰区间绝对关联分析的基本思想是按照序列曲线变化势态的相似程度来计算灰区间绝对关联度，灰区间绝对关联度反映了两序列曲线形状的相似性。理论上灰区间绝对关联度越大，比较序列曲线和参考序列曲线的几何形状越相似，其序列就越接近于参考序列，相对应的方案也就越接近于理想方案。

但一个明显的事实是：当公式(5-9)中$|D_{j+1}(s_{j+1}(\otimes), s_j(\otimes)) - D_{ij+1}(x_{ij+1}(\otimes), x_{ij}(\otimes))| = 0$，即比较序列曲线与参考序列曲线变化趋势完全相同时，不论两个曲线之间的距离多大，计算得到的灰区间绝对关联度都为1。如图5.3所示，很明显地可以看出，如果仅从曲线形状的相似程度来看，方案1的曲线与理想曲线最相似，两曲线完全平行，灰区间绝对关联度为1，但如果说方案1比方案2更接近理想方案显然是不可靠的，由此可见仅利用灰区间绝对关联度并不能完整地反映比较序列曲线的相近程度。

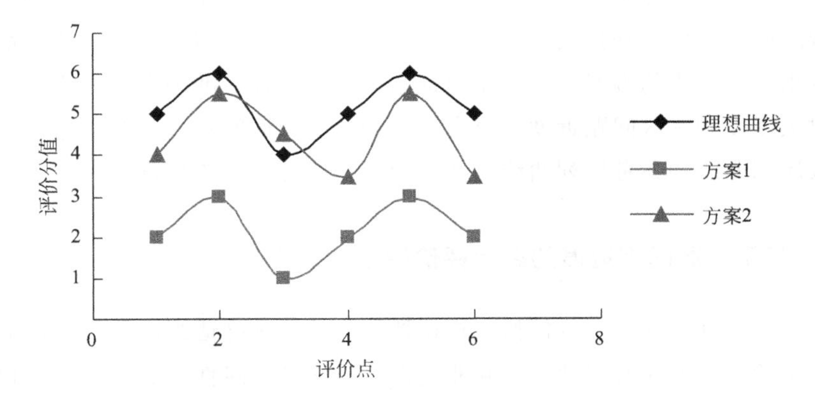

图5.3 方案的灰区间绝对关联度比较

而灰区间理想点法是通过方案离理想方案的距离即接近程度进行分析比较的，理论上认为灰区间贴近度越大，方案就越接近理想方案。但其忽视了曲线变化势态对评价结果的影响，例如对两个不同变化势态的曲线，当其上各点与参考序列曲线上各点的距离之和相等时，仅依据贴近度就很难作出正确的评价，如图 5.4 所示，方案 2 与正理想方案的贴近度略大于方案 1，但仅凭此就断定方案 2 优于方案 1 显然很难令人信服，得到的结论很可能与事实不符，因此，仅利用灰区间贴近度也不能完整地反映比较序列曲线的相近程度。

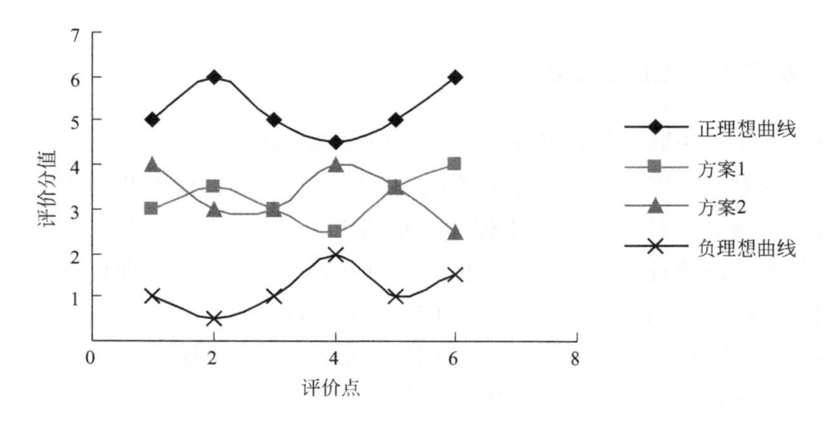

图 5.4　方案的灰区间贴近度比较

从以上分析可以看出，灰区间绝对关联分析和灰区间理想点法对不确定信息的评价都存在不同程度的缺陷，从任一单方面去考虑都可能得到与事实不符的结果。然而它们却分别从形状和位置两个方面反映了比较序列曲线和参考序列曲线之间的相似性和接近性，如果综合考虑曲线的相似性和接近性，就会很容易找出两者皆优的方案，也便于保证结果的科学性、准确性。为此，将灰区间绝对关联度和灰区间贴近度有机合成，构造“灰区间相近度”指标，综合反映比较序列曲线和参考序列曲线之间的形状相似性和位置接近性。

5.3.5　基于灰区间相近度的综合评价模型的建立

要建立合理的综合评价模型，根据评价目的，选择适当的合成方式是必要的。常用的合成方式有线性合成和非线性合成两种，线性合成是采用求和的算术平均方式，突出强调各因素之间的补偿性，所考虑的各项因素具有相互抵消

作用，可能会掩盖一些极优或极劣的信息，各因素的变化对合成的结果影响不大；非线性合成是采用求积的几何平均方式，突出强调因素之间均衡性和协调性，所考虑的各因素具有相互增强作用，各因素的变化对合成的结果影响较大。因此，为全面地反映曲线间的相似性和接近性，采用非线性合成方式构造的综合评价模型为：

$$W_i = E_i r_i \tag{5-14}$$

称 W_i 为灰区间相近度，其数值大小反映了比较序列曲线与参考序列曲线之间的相近程度，灰区间相近度越大表明该方案与理想方案之间的相近程度越高。基于灰区间相近度的综合评价模型的实现过程如图 5.5 所示。

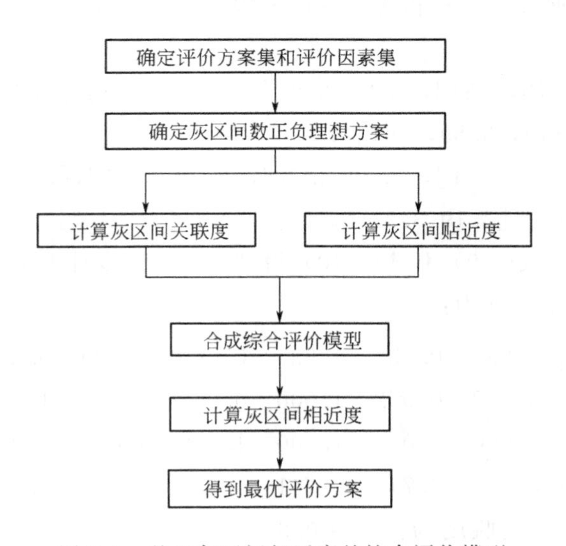

图 5.5　基于灰区间相近度的综合评价模型

5.3.6　实例验证

复杂系统人机界面主观评价包含很多内容，现以核电厂主控室人机界面面板总体布置为例验证所提出的基于灰区间相近度的人机界面不确定信息评价模型。根据第 3 章确定的评价指标体系，面板总体布置的评价指标包括 7 个指标，列于表 3.6 中。

根据本文提出的评价模型，核电厂主控室人机界面中面板总体布置的评价过程如下。

步骤 1　假设有 4 种待评价盘面，则评价方案集 $A=\{A_1, A_2, A_3, A_4\}$；

根据表 3.6 可知，评价因素集 $B=\{B_1,B_2,\cdots,B_7\}$。建立评价方案集 A 相对于评价因素集 B 的区间灰数评判矩阵为：

$$X=\begin{bmatrix} [3.79,3.81] & [3.69,3.71] & [3.64,3.66] & [3.19,3.21] \\ [3.69,3.71] & [3.74,3.76] & [3.74,3.76] & [3.89,3.91] \\ [3.84,3.86] & [3.74,3.76] & [3.69,3.71] & [3.49,3.51] \\ [3.49,3.51] & [3.69,3.71] & [3.64,3.66] & [3.79,3.81] \\ [3.84,3.86] & [3.69,3.71] & [3.69,3.71] & [3.39,3.41] \\ [3.59,3.61] & [3.69,3.71] & [3.64,3.66] & [3.79,3.81] \\ [3.89,3.91] & [3.79,3.81] & [3.74,3.76] & [3.19,3.21] \end{bmatrix}^{\mathrm{T}}$$

步骤 2 根据式(5-7)和式(5-8)确定正理想方案 $s(\otimes)$ 和负理想方案 $t(\otimes)$ 分别为：

$s(\otimes)=\{[3.79,3.81],[3.89,3.91],[3.84,3.86],[3.79,3.81],[3.84,3.86],[3.79,3.81],[3.89,3.91]\}$；

$t(\otimes)=\{[3.19,3.21],[3.69,3.71],[3.49,3.51],[3.49,3.51],[3.39,3.41],[3.64,3.66],[3.19,3.21]\}$。

步骤 3 利用式(5-9)和式(5-10)得到 4 种盘面设计方案相对于理想方案的灰区间关联系数矩阵为：

$$\boldsymbol{\xi}=\begin{bmatrix} 0.833 & 0.833 & 0.833 & 0.769 & 0.909 & 0.833 \\ 0.952 & 0.952 & 1.000 & 0.952 & 0.952 & 1.000 \\ 1.000 & 1.000 & 1.000 & 1.000 & 1.000 & 0.952 \\ 0.625 & 0.741 & 0.741 & 0.689 & 0.689 & 0.588 \end{bmatrix}$$

相应的灰区间关联度为：$r_1=0.835$，$r_2=0.968$，$r_3=0.0.992$，$r_4=0.0.678$。

步骤 4 利用式(5-11)～式(5-13)得到 4 种盘面设计方案与理想方案的灰区间贴近度：$E_1=0.754$，$E_2=0.709$，$E_3=0.618$，$E_4=0.257$。

步骤 5 根据式(5-14)得到灰区间相近度：$W_1=0.629$，$W_2=0.686$，$W_3=0.613$，$W_4=0.174$。

可见，基于序列曲线几何形状的相似性及其位置的接近性同时考虑，方案 2 是最优的待选方案。

5.3.7 结果分析

根据上面的计算结果可知，从不同的角度出发，待评价方案得到了不同的

排列顺序。现将利用3种不同方法得到的排序结果列于表5.1中。

表5.1 不同方法的排序结果比较

排列序号	方案排序结果		
	灰区间绝对关联度	灰区间贴近度	灰区间相近度
1	方案3	方案1	方案2
2	方案2	方案2	方案1
3	方案1	方案3	方案3
4	方案4	方案4	方案4

从表5.1中可以清楚地看出，利用不同的方法，从不同的角度出发，会得到不同的排序结果，从曲线几何形状的相似性考虑，$A_3>A_2>A_1>A_4$；从曲线的接近性考虑，$A_1>A_2>A_3>A_4$；同时考虑相似性和接近性时，$A_2>A_1>A_3>A_4$。之所以出现上述不一致的结果，主要是因为灰区间绝对关联度和灰区间贴近度都是仅仅从单一方面考虑，对方案的评价是不全面的，存在一定的片面性，单纯的空间位置接近或几何形状相似的方案并非最佳的理想方案，只有综合考虑两方面的因素，才能得到正确的评价结果。

为进一步分析基于灰区间相近度得到的结果的正确性，根据上述评价案例中的评判分值绘制了评价曲线，如图5.6所示。

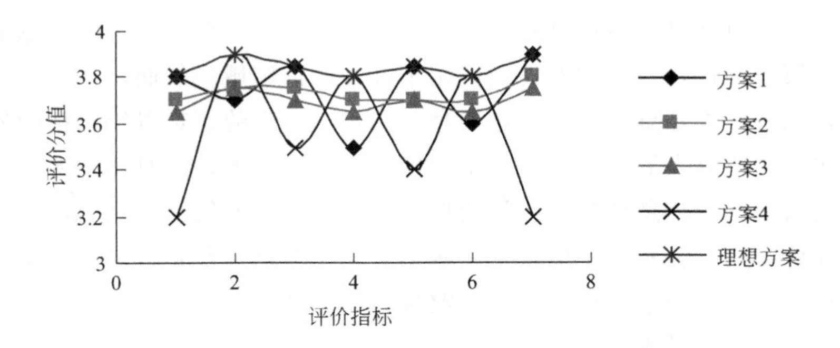

图5.6 方案的评价曲线

从图5.6的曲线可以看出，方案1的曲线与理想曲线距离最近，但其与理想曲线的几何形状不相似，其数值的波动幅度过大，显然不是最佳方案，而方案3的曲线与理想曲线的几何形状最相似，但其距离明显较其他方案远离理想曲线，显然也不可能是最佳方案，只有方案2的曲线既满足相似性又满足接近

性，所以方案 2 应是最佳的待选方案。这一分析结果与利用本书提出的基于灰区间相近度的综合评价模型计算得到的结论完全一致，因此说明本书所提出的基于灰区间相近度的评价模型是合理的、有效的。

由此可见，利用区间灰数对不确定信息进行处理，不仅解决了评价因素量化困难的问题，而且避免了过早地将不确定信息精确化而造成不必要的信息丢失，保证了评价结果的准确性。同时，基于灰区间绝对关联分析和灰区间理想点法，提出灰区间相近度指标，从相似性和接近性两个方面入手建立了不确定信息系统的综合评价模型，避免了单一评价方法存在的缺陷；该评价模型不仅可以较好地反映曲线几何形状的相似程度，而且可以较好地反映曲线的位置接近程度，使得评价结果更加客观、真实、可靠。实例研究表明，提出的评价方法不仅简单可行，而且合理有效，对于解决受主观因素影响、含有不确定信息的复杂系统评价问题是一种十分有效的方法，具有一定的实用价值。

5.4 不确定信息多层次评价模型的构建

5.4.1 灰区间聚类算法的提出

灰色聚类评价是通过灰数的白化权函数判断评价对象所属评价灰类的方法。由于它可以通过分析信息所覆盖的灰类实现对不完全、灰色的信息系统进行分类比较，因此，一些学者将其应用于各种评价领域。然而，在很多场合和环境下，灰色聚类评价所需的评价信息往往是不确定的，难以给出精确的数值信息，尤其是依靠人的主观判断给出评价信息的场合下，这时评判者只能给出信息的大致范围，信息往往以区间的形式出现，对于如何解决区间信息下的灰色聚类评价问题，一些学者也做了一些工作。熊合金等率先将灰色白化权函数的自变量拓展至区间数，给出了区间数灰色聚类模型，但对于转折点位于区间数内部时的情况并未给出明确的解决方法，研究案例中也没有体现。Yong-Huang Lin 和刘俊娟等将区间数引入灰色聚类评价中，建立了基于三角白化权函数的灰数评价模型。本书针对人机界面主观评价的实际情况，在参考文献[56，128，129]的基础上，将区间灰数引入灰色聚类评价之中，提出灰区间聚类算法，建立基于典型白化权函数的灰区间聚类多层次评价模型，其评价过程如图 5.7 所示。该方法不仅能解决具有不确定信息的人机界面主观评价问题，也能解决具有较多层次的复杂系统评价问题。

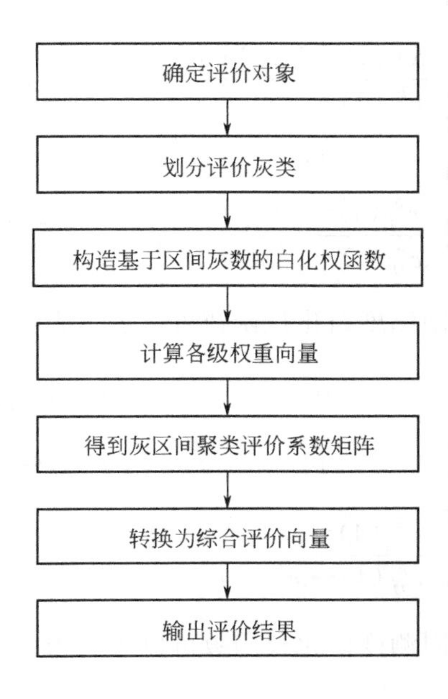

图 5.7　灰区间聚类评价过程

5.4.2　基于典型白化权函数的灰区间聚类评价模型的建立

设评价因素集 $B_i=\{B_1,B_2,\cdots,B_n\}$，$i=1,2,\cdots,n$，对每一个评价因素集 B_i 可再细分为 $B_i=\{B_{i1},\cdots,B_{ij},\cdots,B_{im}\}$，$j=1,2,\cdots,m$，根据评价的实际情况还可以继续细分，在此仅以二级层次结构为例说明算法的原理。令评价灰类为 k，$k=1,2,\cdots,s$；$x_{ij}(\otimes)$ 表示第 i 类中第 j 个指标的评价分值信息，在这里其为区间灰数 $x_{ij}(\otimes)=[x_{ij}^L,x_{ij}^R]$。

(1) 基于区间灰数的白化权函数的构造

令 $f_{ij}^k[x(\otimes)]$ 表示第 i 个因素中第 j 个指标属于第 k 个灰类的白化权函数，其中 $x_{ij}^k(1)$、$x_{ij}^k(2)$、$x_{ij}^k(3)$、$x_{ij}^k(4)$ 为 $f_{ij}^k[x(\otimes)]$ 的转折点。在人机界面评价中涉及的白化权函数有三种类型，分别为：典型白化权函数记为 $f_{ij}^k[x_{ij}^k(1),x_{ij}^k(2),x_{ij}^k(3),x_{ij}^k(4)]$，下限测度白化权函数记为 $f_{ij}^k[-,-,x_{ij}^k(3),x_{ij}^k(4)]$，上限测度白化权函数记为 $f_{ij}^k[x_{ij}^k(1),x_{ij}^k(2),-,-]$。

基于区间灰数的典型白化权函数可表示为：

$$f_{ij}^{k}[x(\otimes)]=\begin{cases}0, & x(\otimes)\notin[x_{ij}^{k}(1),x_{ij}^{k}(4)]\\ \dfrac{x(\otimes)-x_{ij}^{k}(1)}{x_{ij}^{k}(2)-x_{ij}^{k}(1)}, & x(\otimes)\in[x_{ij}^{k}(1),x_{ij}^{k}(2)]\\ 1, & x(\otimes)\in[x_{ij}^{k}(2),x_{ij}^{k}(3)]\\ \dfrac{x_{ij}^{k}(4)-x(\otimes)}{x_{ij}^{k}(4)-x_{ij}^{k}(3)}, & x(\otimes)\in[x_{ij}^{k}(3),x_{ij}^{k}(4)]\end{cases} \tag{5-15}$$

基于区间灰数的下限测度白化权函数可以表示为：

$$f_{ij}^{k}[x(\otimes)]=\begin{cases}0, & x(\otimes)\notin[0,x_{ij}^{k}(4)]\\ 1, & x(\otimes)\in[0,x_{ij}^{k}(3)]\\ \dfrac{x_{ij}^{k}(4)-x(\otimes)}{x_{ij}^{k}(4)-x_{ij}^{k}(3)}, & x(\otimes)\in[x_{ij}^{k}(3),x_{ij}^{k}(4)]\end{cases} \tag{5-16}$$

基于区间灰数的上限测度白化权函数可以表示为：

$$f_{ij}^{k}[x(\otimes)]=\begin{cases}0, & x(\otimes)\in[0,x_{ij}^{k}(1)]\\ \dfrac{x(\otimes)-x_{ij}^{k}(1)}{x_{ij}^{k}(2)-x_{ij}^{k}(1)}, & x(\otimes)\in[x_{ij}^{k}(1),x_{ij}^{k}(2)]\\ 1, & x(\otimes)\notin[0,x_{ij}^{k}(2)]\end{cases} \tag{5-17}$$

由于自变量 $x(\otimes)$ 并非一个确定的数，而是区间灰数，$x_{ij}(\otimes)=[x_{ij}^{L},x_{ij}^{R}]$，因此，针对专家给出的初始评价值，应先筛选一下，对于区间差值过大的分值应予以淘汰，否则区间差值过大可能会影响评价精度。我们规定，当区间灰数满足 $x_{ij}^{R}-x_{ij}^{L}>\min\{[x_{ij}(2)-x_{ij}(1)],[x_{ij}(4)-x_{ij}(3)]\}$ 时，即被筛除。因为如果所给的区间灰数的区间差值大于上述范围，那么所给信息的不确定性就过大，对评判的价值不大，所以应予以筛除。

当自变量为区间灰数时，利用上述白化权函数求相应的白化函数值时应遵循以下原则：

① 当各转折点 $x_{ij}^{k}(1)$、$x_{ij}^{k}(2)$、$x_{ij}^{k}(3)$、$x_{ij}^{k}(4)$ 均不在 $[x_{ij}^{L},x_{ij}^{R}]$ 之中时，这时可直接将自变量 $x_{ij}(\otimes)$ 的上下限带入式(5-15)～式(5-17) 计算得到区间形式的白化权函数值，即：

当 $x_{ij}^{L}\leqslant x_{ij}^{R}\leqslant x_{ij}^{k}(1)$ 时，$f_{ij}^{k}[x(\otimes)]=0$。

当 $x_{ij}^{k}(1)\leqslant x_{ij}^{L}\leqslant x_{ij}^{R}\leqslant x_{ij}^{k}(2)$时，$f_{ij}^{k}[x(\otimes)]=[f_{ij}^{k}(x_{ij}^{L}),f_{ij}^{k}(x_{ij}^{R})]$。

当 $x_{ij}^{k}(2)\leqslant x_{ij}^{L}\leqslant x_{ij}^{R}\leqslant x_{ij}^{k}(3)$ 时，$f_{ij}^{k}[x(\otimes)]=1$。

当 $x_{ij}^{k}(3) \leqslant x_{ij}^{L} \leqslant x_{ij}^{R} \leqslant x_{ij}^{k}(4)$时，$f_{ij}^{k}[x(\otimes)]=[f_{ij}^{k}(x_{ij}^{R}), f_{ij}^{k}(x^{L})]$。

当 $x_{ij}^{k}(4) \leqslant x_{ij}^{L} \leqslant x_{ij}^{R}$时，$f_{ij}^{k}[x(\otimes)]=0$。

② 当各转折点 $x_{ij}^{k}(1)$、$x_{ij}^{k}(2)$、$x_{ij}^{k}(3)$、$x_{ij}^{k}(4)$ 分别在 $[x_{ij}^{L}, x_{ij}^{R}]$ 之中，即只有一个转折点位于 $[x_{ij}^{L}, x_{ij}^{R}]$ 之中时，计算时应满足下列规则。

当 $x_{ij}^{L} \leqslant x_{ij}^{k}(1) \leqslant x_{ij}^{R}$时，$f_{ij}^{k}[x(\otimes)]=[0, f_{ij}^{k}(x_{ij}^{R})]$。

当 $x_{ij}^{L} \leqslant x_{ij}^{k}(2) \leqslant x_{ij}^{R}$时，$f_{ij}^{k}[x(\otimes)]=[f_{ij}^{k}(x_{ij}^{L}), 1]$。

当 $x_{ij}^{L} \leqslant x_{ij}^{k}(3) \leqslant x_{ij}^{R}$时，$f_{ij}^{k}[x(\otimes)]=[f_{ij}^{k}(x_{ij}^{R}), 1]$。

当 $x_{ij}^{L} \leqslant x_{ij}^{k}(4) \leqslant x_{ij}^{R}$时，$f_{ij}^{k}[x(\otimes)]=[0, f_{ij}^{k}(x_{ij}^{L})]$。

③ 当有两个转折点位于 $[x_{ij}^{L}, x_{ij}^{R}]$ 之中，即当 $x_{ij}^{L} \leqslant x_{ij}^{k}(2) \leqslant x_{ij}^{k}(3) \leqslant x_{ij}^{R}$时，$f_{ij}^{k}[x(\otimes)]=[\min\{f_{ij}^{k}(x_{ij}^{L}), f_{ij}^{k}(x_{ij}^{R})\}, 1]$。

利用上述原则及所构造的白化权函数即可求得基于区间灰数的白化权函数值。

(2) 灰区间聚类评价系数的确定

对于评价因素 i 属于第 k 个评价灰类的灰色评价值称为灰区间聚类评价系数，记为 σ_{i}^{k}，可表示为：

$$\sigma_{i}^{k}=\sum_{j=1}^{m} f_{ij}^{k}[x_{ij}(\otimes)] r_{ij} \tag{5-18}$$

式中，r_{ij} 为各子因素评价指标的权重。

若 $\sigma_{i}^{k^{*}}=\max\limits_{1 \leqslant k \leqslant s}\{\sigma_{i}^{k}\}$，则称评价因素 i 属于灰类 k^{*}。

(3) 多层次灰区间评价模型的建立

以上是针对一阶层次结构模型的一级灰区间评价，对于具有递阶层次结构的复杂系统评价应采用多级灰区间评价。以二级灰区间评价为例，其示意图如图 5.8 所示，利用递阶的方式逐层向上求得最后的综合评价结果。如果含有更多的层次结构可依次向上计算，直至目标层。

采用二级灰区间评价得到的综合评价数学模型为：

$$\boldsymbol{R}=(R^{1}, R^{2}, \cdots, R^{s})=\boldsymbol{rG} \tag{5-19}$$

式中，$\boldsymbol{r}=(r_{1}, r_{2}, \cdots, r_{n})$ 为各评价因素的权重集；$\boldsymbol{G}$ 为灰区间聚类评价系数矩阵。

灰区间聚类评价系数矩阵是由上一级评价因素得到的灰区间聚类评价系数构成的，可表示为：

$$
\boldsymbol{G}=\begin{bmatrix} \sigma_1^1 & \sigma_1^2 & \cdots & \sigma_1^s \\ \vdots & \vdots & & \vdots \\ \sigma_i^1 & \sigma_i^2 & \cdots & \sigma_i^s \\ \vdots & \vdots & & \vdots \\ \sigma_n^1 & \sigma_n^2 & \cdots & \sigma_n^s \end{bmatrix} \tag{5-20}
$$

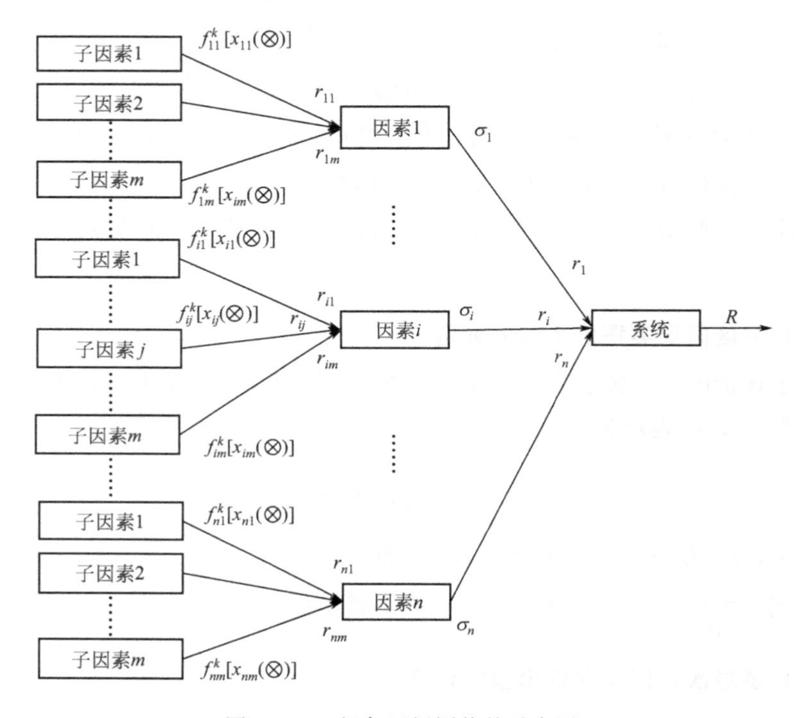

图 5.8 二级灰区间评价的示意图

若 $R_i^{k^*}=\max\limits_{1\leqslant k\leqslant s}\{R_i^k\}$，则系统属于灰类 k^*。由于得到的评价值也为区间值，因此可利用区间灰数的算术平均灰值比较各值的大小，对于算术平均灰值相等的数，以灰值半径的大小进行比较，半径越小，相应的灰数就越大。

5.4.3 基于灰区间聚类算法的人机界面评价实例

为说明灰区间聚类方法在人机界面评价中的应用，现仅以某核电厂主控制室人机界面中后备盘部分盘面的显示器与操纵器的组合为例进行评价，评价指

标见表3.5。

首先建立评价灰类。根据心理学测度原理和核电厂主控室人机界面评价具有模糊性及不确定性的特点，将评价灰类划分为5级，即 $k=1,2,3,4,5$；分别对应为极差、差、中、良、优，采用的取值论域对应为 $\boldsymbol{W}=\{0-60,60-70,70-80,80-90,90-100\}$，相应的白化权函数为：$f_{ij}^{1}[-,-,56,64]$；$f_{ij}^{2}[56,64,66,74]$；$f_{ij}^{3}[66,74,76,84]$；$f_{ij}^{4}[76,84,86,94]$；$f_{ij}^{5}[86,94,-,-]$。

由以上白化权函数及式(5-15)～式(5-17)可以得到：

$$f_{ij}^{1}[x(\otimes)]=\begin{cases}0, & x(\otimes)\notin[0,64]\\ 1, & x(\otimes)\in[0,56]\\ \dfrac{64-x(\otimes)}{8}, & x(\otimes)\in[56,64]\end{cases} \tag{5-21}$$

$$f_{ij}^{2}[x(\otimes)]=\begin{cases}0, & x(\otimes)\notin[56,74]\\ \dfrac{x(\otimes)-56}{8}, & x(\otimes)\in[56,64]\\ 1, & x(\otimes)\in[64,66]\\ \dfrac{74-x(\otimes)}{8}, & x(\otimes)\in[66,74]\end{cases} \tag{5-22}$$

$$f_{ij}^{3}[x(\otimes)]=\begin{cases}0, & x(\otimes)\notin[66,84]\\ \dfrac{x(\otimes)-66}{8}, & x(\otimes)\in[66,74]\\ 1, & x(\otimes)\in[74,76]\\ \dfrac{84-x(\otimes)}{8}, & x(\otimes)\in[76,84]\end{cases} \tag{5-23}$$

$$f_{ij}^{4}[x(\otimes)]=\begin{cases}0, & x(\otimes)\notin[76,94]\\ \dfrac{x(\otimes)-76}{8}, & x(\otimes)\in[76,84]\\ 1, & x(\otimes)\in[84,86]\\ \dfrac{94-x(\otimes)}{8}, & x(\otimes)\in[86,94]\end{cases} \tag{5-24}$$

$$f_{ij}^{5}[x(\otimes)]=\begin{cases}0, & x(\otimes)\in[0,86]\\ \dfrac{x(\otimes)-86}{8}, & x(\otimes)\in[86,94]\\ 1, & x(\otimes)\in[94,100]\end{cases} \tag{5-25}$$

采用调查问卷的方式得到各指标的评价分值为：$x_{11}(\otimes)=[89,92]$，

$x_{12}(\otimes)=[83,84]$，$x_{13}(\otimes)=[85,87]$，$x_{14}(\otimes)=[91,92]$，$x_{15}(\otimes)=[86,88]$，$x_{16}(\otimes)=[72,74]$，$x_{21}(\otimes)=[88,90]$，$x_{22}(\otimes)=[84,85]$，$x_{23}(\otimes)=[86,87]$，$x_{24}(\otimes)=[90,92]$，$x_{25}(\otimes)=[88,90]$，$x_{26}(\otimes)=[90,92]$，$x_{27}(\otimes)=[75,76]$，$x_{28}(\otimes)=[93,94]$，$x_{29}(\otimes)=[87,88]$，$x_{210}(\otimes)=[81,82]$，$x_{211}(\otimes)=[90,92]$，$x_{31}(\otimes)=[93,94]$，$x_{32}(\otimes)=[92,93]$，$x_{33}(\otimes)=[87,88]$，$x_{34}(\otimes)=[85,87]$，$x_{35}(\otimes)=[82,83]$，$x_{36}(\otimes)=[80,84]$，$x_{37}(\otimes)=[88,90]$。

一级权重向量为：

$$\boldsymbol{r}_1=(0.183,0.176,0.176,0.169,0.142,0.154)$$

$$\boldsymbol{r}_2=(0.086,0.076,0.102,0.116,0.065,0.072,0.112,0.096,0.076,0.087)$$

$$\boldsymbol{r}_3=(0.153,0.152,0.135,0.143,0.142,0.132,0.143)$$

二级权重向量为：

$$\boldsymbol{r}=(0.327,0.335,0.338)$$

在此基础上，利用式(5-18) ～式(5-25) 可得到灰区间聚类评价系数矩阵为：

$$\boldsymbol{G}=\begin{bmatrix} 0 & [0,0.039] & [0.116,0.176] & [0.348,0.671] & [0.175,0.321] \\ 0 & 0 & [0.09,0.099] & [0.436,0.598] & [0.308,0.461] \\ 0 & 0 & [0.018,0.101] & [0.49,0.854] & [0.167,0.274] \end{bmatrix}$$

综合评价向量为：

$$\boldsymbol{R}=(0,[0,0.013],[0.074,0.125],[0.426,0.708],[0.216,0.352])$$

利用区间数的排序方法比较综合评价向量中各区间值的大小，可知系统属于第 4 类，即所评价人机界面的显控组合情况属于良好等级。

为将评价结果以具体的分值表示出来，可先将 $\boldsymbol{R}$ 以区间灰数的算术平均值形式表示，然后利用转换矩阵 $\boldsymbol{E}=[55,65,75,85,95]$，采用下面的方式转换为分值的形式：

$$\boldsymbol{V}=\boldsymbol{R}\boldsymbol{E}^{\mathrm{T}} \tag{5-26}$$

利用式(5-26) 得到的综合评价值为 $\boldsymbol{V}=83.06$。这样，就将评价结果用具体的分值表示出来了。

人机界面评价实例表明对于具有不确定信息的多层次复杂系统评价，基于灰区间聚类的多层次评价方法是可行的，当评价信息为确定值时，上述方法即转化为经典的灰色聚类方法，因此，可以说基于灰区间聚类的多层次评价方法是灰色聚类方法的推广。

另外，上述研究实例是单个专家针对多指标、多层次、不确定系统的评

价，也可将评价因素集设定为专家集，从而转化为多专家针对单一评价因素的评价，集结多专家的智慧，充分体现单一评价因素的优劣。

5.5 本章小结

本章从人类思维具有模糊性和灰色性的特点出发，提出了利用区间灰数处理人机界面不确定信息，解决了人机界面评价因素难以量化的问题，避免了不确定信息过早地精确化。在此基础上，构造了灰区间绝对关联分析模型和灰区间理想点模型，提出了灰区间相近度的概念，建立了基于灰区间相近度的不确定信息系统多方案综合评价模型，避免了单一评价方法存在的缺陷。研究实例和结果分析均表明，该评价模型综合考虑因素间的相似性和接近性，使得评价结果更加客观、科学、可靠，为不确定系统的多方案评价提供了有效的方法。同时提出了基于灰区间聚类的多层次综合评价方法，建立了基于典型白化权函数的灰区间聚类多层次评价模型，并给出了该方法实现的具体步骤和边界条件，不仅解决了具有不确定信息的人机界面主观评价问题，而且也解决了具有较多层次的复杂系统评价问题。

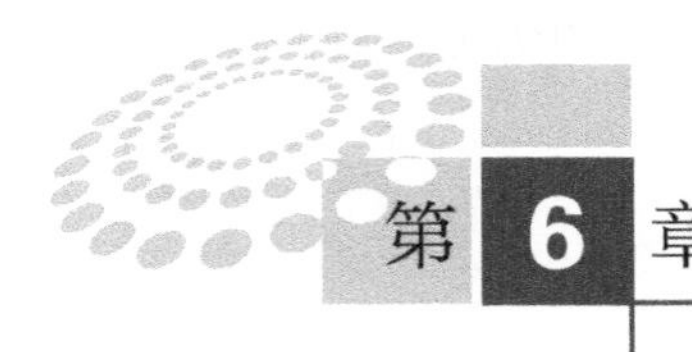

第6章 综合评价软件的开发与应用

6.1 综合评价软件的开发

人机界面综合评价软件的开发便于更直观地实现主、客观评价结果的量化和集成，可以在设计阶段就能对人机界面系统作出评价和判断，及时地发现设计缺陷，保障人机界面设计质量。

6.1.1 评价指标的量化

为了更直观、清楚地描述被评价对象，在评价过程中应将所有的评价信息转换为可进行比较的具体评价分值。根据评价信息的性质不同，可以将其分为可定量描述的信息和可定性描述的信息，即客观指标和主观指标。对于不同性质的指标，其转换为评价分值的方式是不同的，也就是说，必须采用不同的评价指标量化方法。

(1) 客观评价指标的量化

客观评价指标是指可以用具体的数值来描述的指标，通常包括一些可进行实际测量的指标，如视距、视角、各种操纵器的尺寸、元件排列的数目多少等，这些数据往往具有不同的量纲，而且对其好坏的衡量标准也各不相同。为了实现同等条件下的比较，可根据相应标准规定的指标极限值和推荐值，建立这些指标的极限值和推荐值与评价分值之间的函数对应关系，从而可以根据建立的函数对应关系，确定实际测量值的评价分值大小。这样就可以实现客观评价指标的量化。

这种函数关系建立的原则是取标准推荐值为100分，最大和最小极限值为

60 分，在最大和最小极限值以外的均为 0 分，建立的函数对应关系如图 6.1 所示。

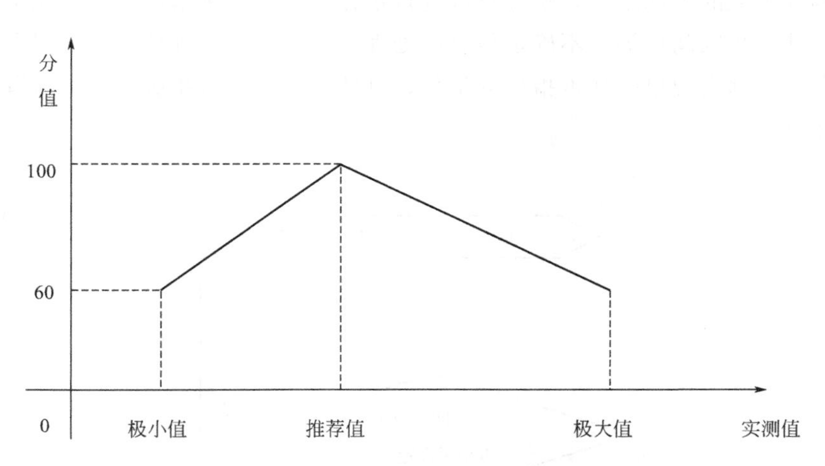

图 6.1 评价分值对应关系

在评价软件开发过程中，为简化问题，针对 60～100 分之间的评价分值对应关系是采用线性插值的方式实现的，如表 6.1 即为立姿控制台的客观评价指标值与评价分值的对应关系表，在人机界面评价软件开发过程中涉及的客观评价指标的量化均采用此方法。

表 6.1 立姿控制台客观评价指标值与评价分值对应关系表

评价指标		评价分值								
		60	70	80	90	100	90	80	70	60
操纵器高度/mm		675	811	948	1084	1220	1356	1493	1629	1765
控制台倾角/(°)		20	24	28	31	35	39	43	46	50
控制面至边缘尺寸/mm		76	143	210	276	343	410	477	543	610
一般显示器水平安装视角/(°)		−95	−80	−65	−50	−35～35	50	65	80	95
重要显示器水平安装视角/(°)		−35	−26	−18	−9	0	9	18	26	35
重要显示器垂直安装视角/(°)		−25	−19	−13	−6	0	9	18	26	35
所有显示器最大垂直安装视角/(°)		小于 75 全为 100 分				75	大于 75 全为 0 分			
显控元件横向扩展宽度/mm		小于 1535 全为 100 分				1535	大于 1535 全为 0 分			
容脚空间	容脚深度/mm	小于 100 全为 0 分				100	大于 100 全为 100 分			
	容脚高度/mm	小于 120 全为 0 分				120	大于 120 全为 100 分			

(2)主观评价指标的量化

主观评价指标是指一些评价信息必须定性描述的指标，对主观评价指标的评判具有极大的不确定性，难以直接进行量化。针对这种情况可以利用第5章提出的基于灰区间聚类的不确定信息的处理方法进行主观评价指标的量化。利用多专家评判实现单一评价指标的量化，具体的主观评价指标量化的流程图如图6.2所示。

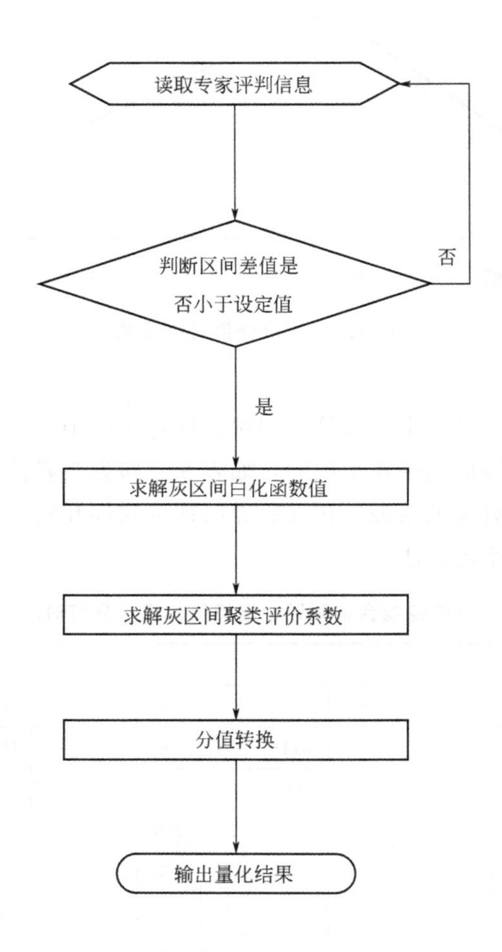

图6.2　主观评价指标量化的流程图

利用灰区间聚类方法，选取10位操纵员参与评判过程，其算法的计算过程利用Visual C＋＋来实现，生成的灰区间聚类算法的计算界面如图6.3所示。

灰区间聚类算法

序号	区间下限	区间上限	权重
专家一	0	0	0
专家二	0	0	0
专家三	0	0	0
专家四	0	0	0
专家五	0	0	0
专家六	0	0	0
专家七	0	0	0
专家八	0	0	0
专家九	0	0	0
专家十	0	0	0

计算

灰区间聚类算法计算结果

确定 取消

图 6.3 灰区间聚类算法的计算界面

6.1.2 开发工具的选择

Unigraphics 是集多种功能于一体的三维实体建模软件，不仅可实现三维实体建模、实时测量、工程分析等功能，还具有基于 UG/Open 的二次开发功能，可以在 UG 环境下开发应用程序，并实现与 UG 自身系统的紧密结合。UG/Open 是在 UG 软件的基础上通过编程开发出具有特定功能的软件模块，它是一系列 UG 二次开发工具的总称，主要包括 UG/Open GRIP、UG/Open API、UG/Open MenuScript、UG/Open UIStyler，支持 C、C++、NX C++、GRIP、.NET、Java 等开发语言。UG/Open GRIP（Graphics Interactive Programming）是在 UG/OpenAPI 出现之前 UG 的主要开发二次工具，具有自己一套独特的编程语言，语言语法结构也比较简单，但其功能远不如 UG/Open API 强大。UG/Open API 是一个允许程序访问并改变 UG 对象模型的程序集，封装了近 2000 个 UG 操作函数，可以建立 UG 模型、查询模型特征；建立并遍历装配体；创建工程图等操作；创建并管理用户定义对象。UG/Open MenuScript 主要用于创建并编辑下拉菜单和工具条，具有自己的一套菜单的脚本语言，语言结构简单；可以通过下拉菜单和工具条来调用自己开发的程序。UG/Open UIStyler 开发工具是一个可视化编辑器，用于创建 UG 二次开发软件的交互界面，界面风格和 UG 软件自身界面的风格一致。

由于人机界面评价过程中涉及三维模型的实际测量和工程分析，在实体建模的环境下可以使评价过程更加直观和方便，因此，以 UG 为开发平台，利用 UG/Open 来开发核电厂主控室人机界面评价软件，实现建模和评价过程的无缝集成，完成评价软件的开发。

6.1.3 评价软件框架的设计

在核电厂主控室人机界面评价指标体系总体框架结构的基础上，依据主、客观评价方法和实现方式的不同，设计了核电厂主控室人机界面评价软件的基本框架，如图 6.4 所示。

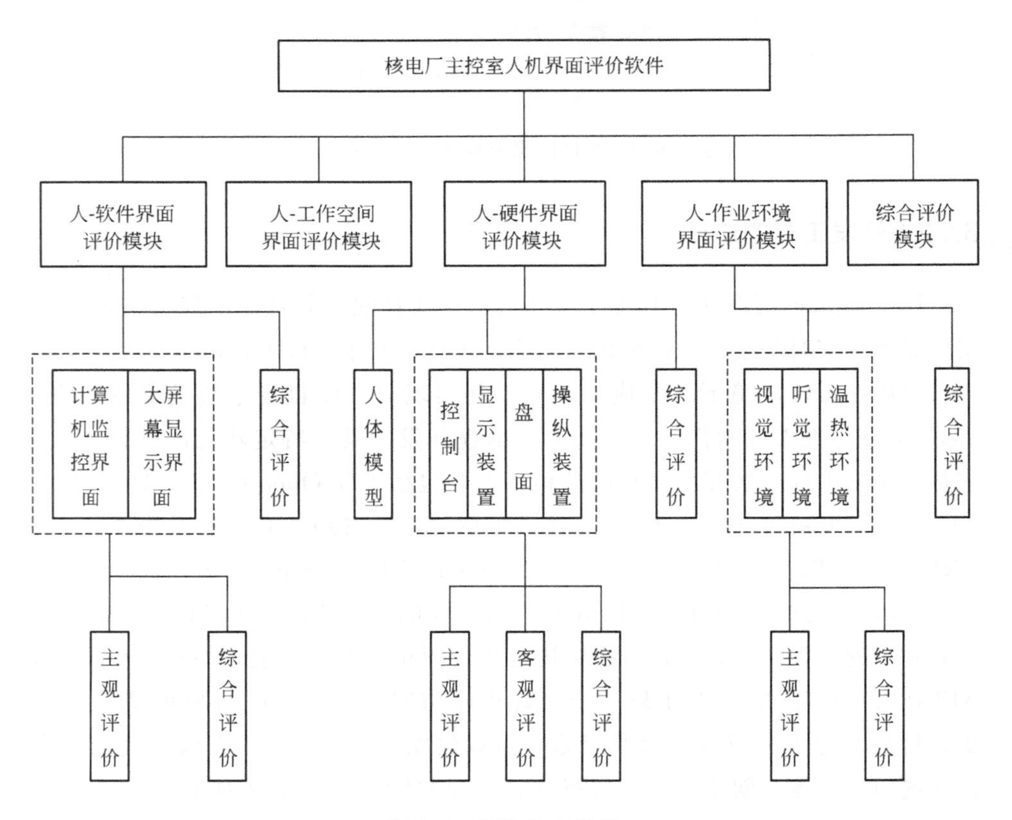

图 6.4　评价软件框架

6.1.4 开发环境的设置

(1) 基本开发环境的建立

安装 UG NX 4.0 和 Visual C++6.0；将 UgOpen.awx 和 UgOpen.hlp（Unigraphics NT 版本的文件为 UgOpen_v19.awx 和 UgOpen_v19.hlp）两个文件复制到 VC++安装目录下的\MSDev98\Template 文件夹中，如 C:\Program Files\Microsoft Visual Studio\Common\MSDev98\Template。

(2) 文件夹目录的建立

在硬盘分区 D 中建立文件夹 ugopen（D:\ugopen），在 ugopen 文件夹中新建 startup、application、udo、code 这 4 个文件夹。startup 用于存放 UG 启动时需要加载的动态链接文件（*.dll），菜单脚本文件（*.men）和用户工具栏脚本文件；application 存放具体的功能扩展程序文件：UIStyler 对话框文件（*.dlg）、工具栏图标文件（*.bmp）和文图调色板文件（*.ubm）；udo 用于存放用户定义的数据库和链接等文件；Code 用于存放用户编制的程序源文件。

(3) 工程路径的注册

UG 安装目录下，在 UGII\menus 下打开中 custom_dirs.dat 文件，在其中输入"D:\ugopen"。UG 开启时，会自动搜索 D:\ugopen 文件夹中 *.dll、*.men、*.dlg、*.tbr 等文件。

6.1.5 软件开发的过程

完成开发环境的设置后，利用 UG/Open 开发评价软件，其流程如图 6.5 所示。

(1) 菜单的设计和编制

UG/Open MenuScript 具有创建和设计菜单的功能，利用创建的菜单可方便地调用自己开发的程序，实现评价的功能。

① 新建文件夹"XXX"（必须为英文文件夹名），在其中建立"Startup""Application""Udo"三个文件夹。

② 在"Startup"中建立 txt 文本文件，修改文件名和后缀名为"Human-machine interface.men"，向文件添加 UG 菜单脚本，后将文件格式修改为".men"。

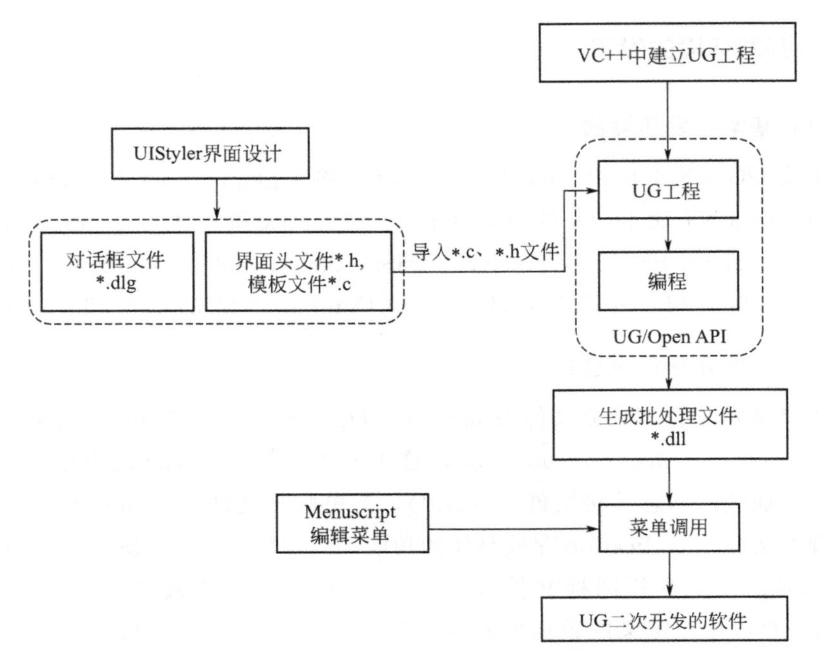

图 6.5　UG/Open 二次开发流程

如果是建立工具栏图标，则修改为“.tbr”，将图标放入“Application”文件夹，脚本编制如下。

部分脚本实例：

```
VERSION 120
EDIT UG_GATEWAY_MAIN_MENUBAR

BEFORE UG_HELP
CASCADE_BUTTON MENU_1
LABEL 人-硬件界面评价
END_OF_BEFORE

MENU MENU_1
BUTTON MENU_1_0
LABEL 人体模型
SEPARATOR
CASCADE_BUTTON MENU_1_1
LABEL 控制台
```

```
CASCADE_BUTTON MENU_1_2
LABEL 显示装置
CASCADE_BUTTON MENU_1_3
LABEL 操纵装置
CASCADE_BUTTON MENU_1_4
LABEL 盘面
BUTTON MENU_1_5
LABEL 综合评价
ACTIONS renying_js
END_OF_MENU

MENU MENU_1_1
BUTTON MENU_1_1_1
LABEL 立姿控制面板
ACTIONS lizimianban_js
BUTTON MENU_1_1_2
LABEL 立姿控制台
ACTIONS lizi_js
BUTTON MENU_1_1_3
LABEL 坐姿控制台
ACTIONS zuozi_js
BUTTON MENU_1_1_4
LABEL 综合评价
ACTIONS kongzhitaizong_js
END_OF_MENU

MENU MENU_1_2
CASCADE_BUTTON MENU_1_2_1
LABEL 仪表
CASCADE_BUTTON MENU_1_2_2
LABEL 投影仪
CASCADE_BUTTON MENU_1_2_3
LABEL 指示灯
CASCADE_BUTTON MENU_1_2_4
LABEL 数字读出器
BUTTON MENU_1_2_5
```

```
LABEL 综合评价
ACTIONS xianshizonghe_js
END_OF_MENU

MENU MENU_1_2_1
BUTTON MENU_1_2_1_1
LABEL 单个评价
ACTIONS danyibiao_js
BUTTON MENU_1_2_1_2
LABEL 综合评价
ACTIONS zongyibiao_js
END_OF_MENU

……

MENU MENU_2
BUTTON MENU_2_1
LABEL 人-工作空间界面
ACTIONS rengongzuo_js
END_OF_MENU

AFTER MENU_2
CASCADE_BUTTON MENU_3
LABEL 人-作业环境界面评价
END_OF_AFTER

……
AFTER MENU_3
CASCADE_BUTTON MENU_4
LABEL 人-软件界面评价
END_OF_AFTER

……
AFTER MENU_4
CASCADE_BUTTON MENU_5
LABEL 综合评价
```

```
END_OF_AFTER

MENU MENU_5
BUTTON MENU_5_1
LABEL 人机界面综合评价
ACTIONS zhukong_js
END_OF_MENU

BEFORE UG_HELP
CASCADE_BUTTON MENU_6
LABEL 灰区间聚类算法
END_OF_BEFORE

MENU MENU_6
BUTTON MENU_6_1
LABEL 灰区间聚类算法
ACTIONS huiqujian_js
END_OF_MENU
```

③ 注册工程路径。UG 安装目录下，在 UGII \ menus 下打开 custom _ dirs. dat 文件，在其中输入第 1 步建立的“XXX”文件夹路径（全英文的）。UG 开启时，会自动搜索其中“Startup”文件夹中“. men”以及“. tbr”文件。

图 6.6 为本书由 UG/Open MenuScript 创建的核电厂主控室人机界面评价软件的部分菜单。

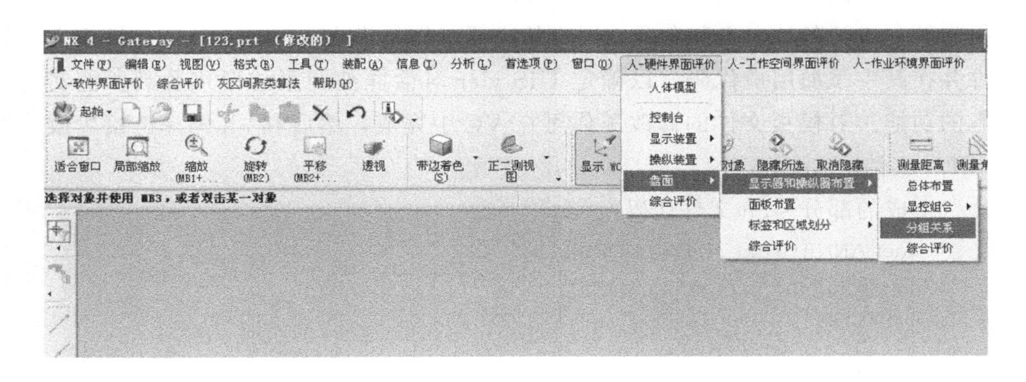

图 6.6　人机界面评价软件菜单

(2) 对话框的设计

UG/Open UIStyler 模块提供了强大的制作 UG 风格窗口的功能。对话框的设计由 UG/Open UIStyler 来完成具有以下优势：

① 为开发人员提供了可视化的制作环境，并同时生成 UG/Open UIStyler 文件和 C 代码，避免用户在使用时考虑图形界面实现的麻烦。

② 利用 UG/Open UIStyler 可快速生成与 UG 界面风格相一致的对话框，减少开发时间。

③ 可通过选取和放置控件实现所见即所得。

④ 可以在对话框中实现用户自定义位图。

⑤ 开发人员可以利用属性编辑器设置和修改控件属性。

⑥ 可以利用 UG/Open MenuScript 编制的菜单调用 UG/Open UIStyler 生成的对话框，实现开发软件和 UG 的完全融合。

在 Unigraphics Gateway 状态下，选择 Application \ User Interface Styler 就可以进入对话框设计的界面。该界面包括一个工具条和三个窗口：对象浏览器窗口、资源编辑器窗口以及设计对话框窗口。应用工具条能够快速点击图标，在设计对话框上添加删除控件进行对话框界面的设计；对象浏览器窗口显示对话框上所有控件的信息，选中某一控件即可在资源编辑器窗口中进行相应的操作；资源编辑器窗口用于设置修改控件的属性、消息等操作；设计对话框窗口用来显示对话框的界面。

当界面设计完成后，保存 UIStyler 编写的对话框时生成 3 个文件：*. dlg、* _ template. c 及 *. h 文件。其中，*. dlg 是保存对话框图形界面的文件；*. h 文件是 UIStyler 对话框 C 语言的头文件，包括对话框及其控件的标识符和函数原型的申明；* _ template. c 是 UIStyler 对话框 C 语言的模板文件，包括各种定义和命令。用户的主要工作是修改 * _ template. c 模板文件并在其中添加用户代码，以确定 UIStyler 对话框被调用的形式及其所能实现的功能。对模板文件的修改工作可在 VC 中完成，然后和 . h 编译链接生成 . DLL 文件。

生成的部分 *. h 文件代码：

```
# ifdef ANNIU_DLG_H_INCLUDED
# define ANNIU_DLG_H_INCLUDED


# include < uf.h>
# include < uf_defs.h>
```

```
# include < uf_styler.h>

# ifdef_cplusplus
extern "C"
{
# endif

# define ANNIU_FENZHI_0                 ("FENZHI_0")
# define ANNIU_QUANZHONG_0              ("QUANZHONG_0")
# define ANNIU_FENZHI_1                 ("FENZHI_1")
# define ANNIU_QUANZHONG_1              ("QUANZHONG_1")
# define ANNIU_FENZHI_2                 ("FENZHI_2")
# define ANNIU_QUANZHONG_2              ("QUANZHONG_2")
# define ANNIU_JISUAN                   ("JISUAN")
# define ANNIU_JIEGUO                   ("JIEGUO")
# define ANNIU_DIALOG_OBJECT_COUNT  (8)

int ANNIU_action_6_act_cb ( int dialog_id,
void  * client_data,
UF_STYLER_item_value_type_p_t callback_data);

# ifdef __cplusplus
}
# endif
# endif / * ANNIU_DLG_H_INCLUDED  */
```

生成的部分 * _ template.c 文件代码：

```
# include < stdio.h>
# include < uf.h>
# include < uf_defs.h>
# include < uf_exit.h>
# include < uf_ui.h>
# include < uf_styler.h>
# include < uf_mb.h>
# include < anniu_dlg.h>

/ * UF_STYLER_callback_info_t ANNIU_cbs  */
```

```
# define ANNIU_CB_COUNT ( 1 +  1 ) / * 结束加 1  */

static UF_STYLER_callback_info_t ANNIU_cbs [ ANNIU_CB_COUNT ] =
{
{ANNIU_JISUAN, UF_STYLER_ACTIVATE_CB, 0, ANNIU_action_6_act_cb},
{UF_STYLER_NULL_OBJECT, UF_STYLER_NO_CB, 0, 0 }
};

static UF_MB_styler_actions_t actions [ ] = {
{ "anniu_dlg.dlg", NULL, ANNIU_cbs, UF_MB_STYLER_IS_NOT_TOP },
{ NULL, NULL, NULL, 0 } / * 这是一个空终止列表  */
};

VERSION 120

EDIT UG_GATEWAY_MAIN_MENUBAR

BEFORE UG_HELP
CASCADE_BUTTON UISTYLER_DLG_CASCADE_BTN
LABEL Dialog Launcher
END_OF_BEFORE

MENU UISTYLER_DLG_CASCADE_BTN
BUTTON ANNIU_DLG_BTN
LABEL Display anniu_dlg dialog
ACTIONS anniu_dlg.dlg
END_OF_MENU

# ifdef MENUBAR_COMMENTED_OUT
extern void ufsta (char  *param, int  *retcode, int rlen)
{
int error_code;

if ( (UF_initialize()) ! =  0)
return;
```

```
if((error_code = UF_MB_add_styler_actions(actions))! = 0)
{
char fail_message[133];

UF_get_fail_message(error_code, fail_message);
printf("% s \n", fail_message);
}

UF_terminate();
return;
}
# endif / *MENUBAR_COMMENTED_OUT* /
……
```

图6.7～图6.9为由UG/Open UIStyler创建的部分对话框，分别为单个数字读出器的评价界面、数字读出器的综合评价界面、人-硬件界面的综合评价界面。

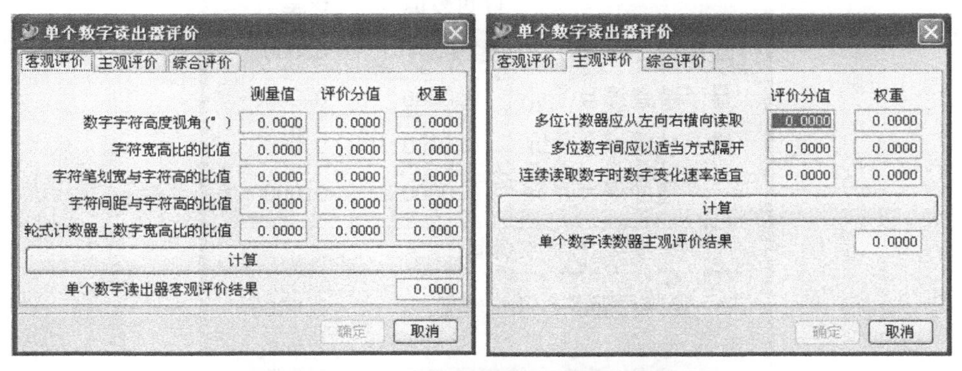

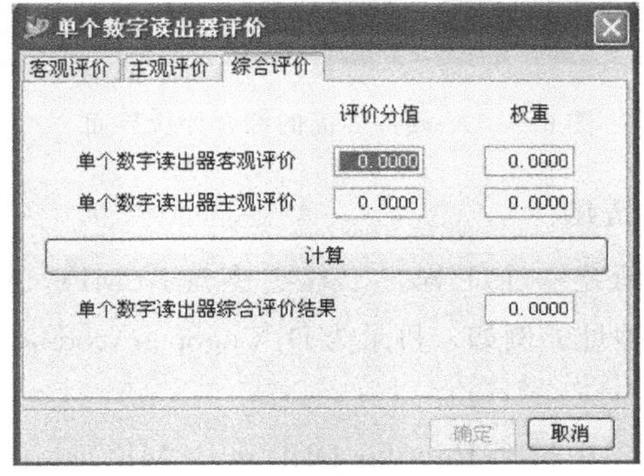

图6.7 单个数字读出器的评价界面

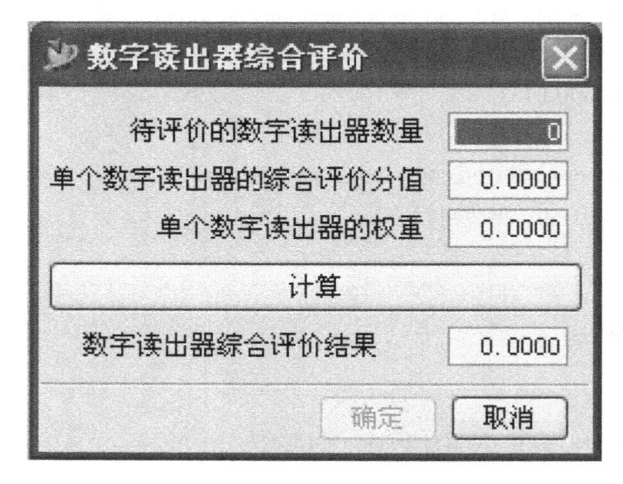

图 6.8　数字读出器的综合评价界面

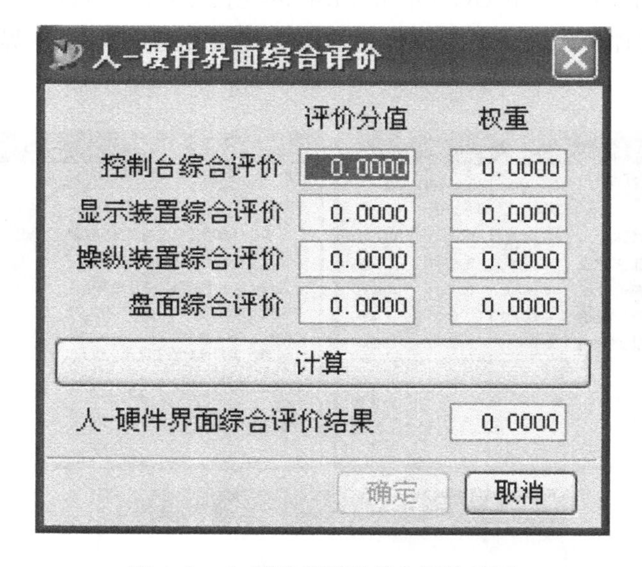

图 6.9　人-硬件界面的综合评价界面

(3) 开发框架的搭建

启动 VC++，新建一个工程，工程类型选择 MFC AppWizard(* dll)，然后命名及填写保存地址。例如，目录为 D:\ ugopen \code，命名为 anniu _ sub。如图 6.10 所示。

然后，在创建选项中选择 Regular DLL with MFC statically linked 创建静态链接库。如图 6.11 所示。

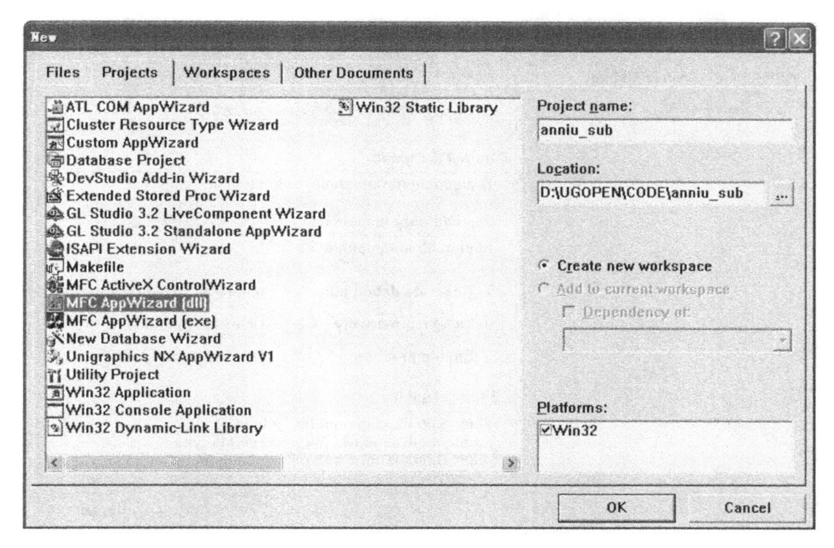

图 6.10 创建工程

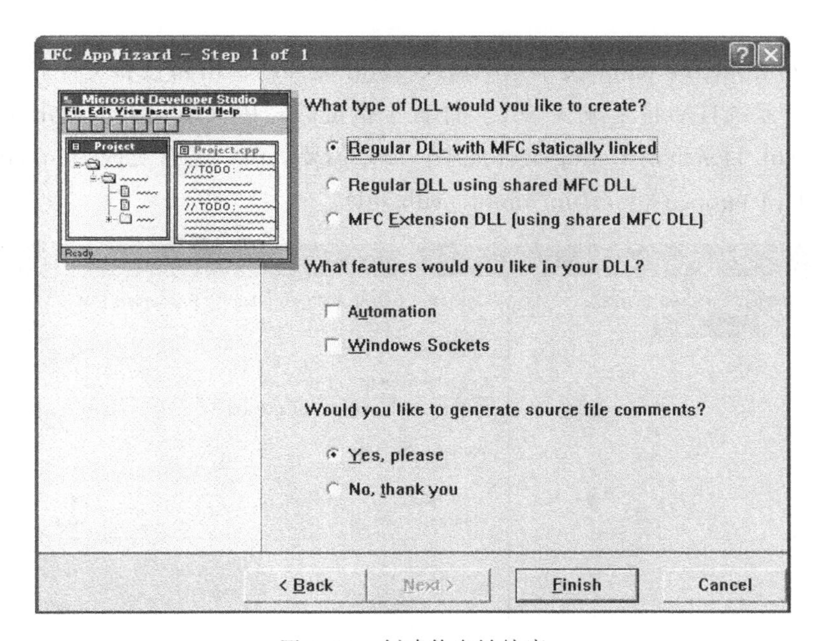

图 6.11 创建静态链接库

建立框架完成后，在菜单 Project \ Setting 下的 Project setting 的 Link 选项卡 Object/library modules 中设置库文件（libufun. lib libugopenint. lib)，配置工程编译环境，如图 6.12 所示。

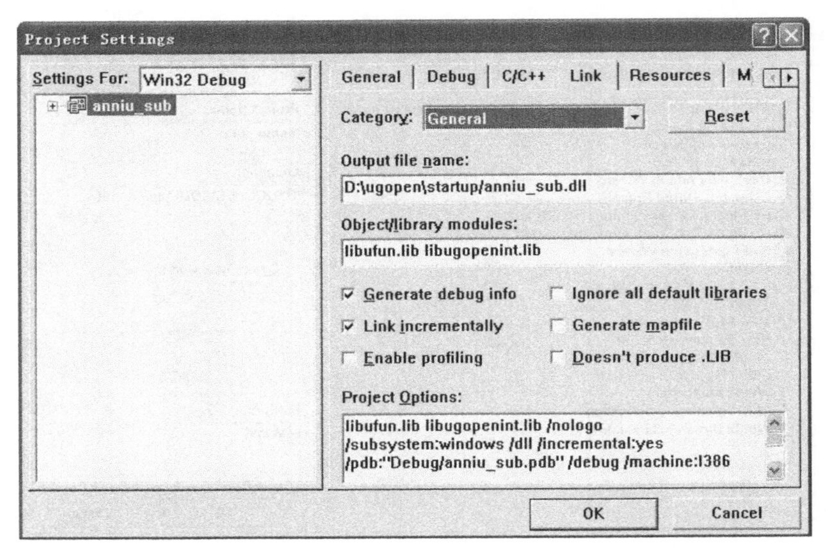

图 6.12　配置工程编译环境

在 Output file name 文本框中输入 *.dll 文件的输出路径和文件名。每次编译后，系统自动将生成 *.dll 文件置于指定路径中（系统默认输出路径为 anniu_sub 目录下的 Debug 文件夹中。如果需要更改，通常更改为 startup 文件夹：D:\ugopen\startup/anniu_sub.dll）。

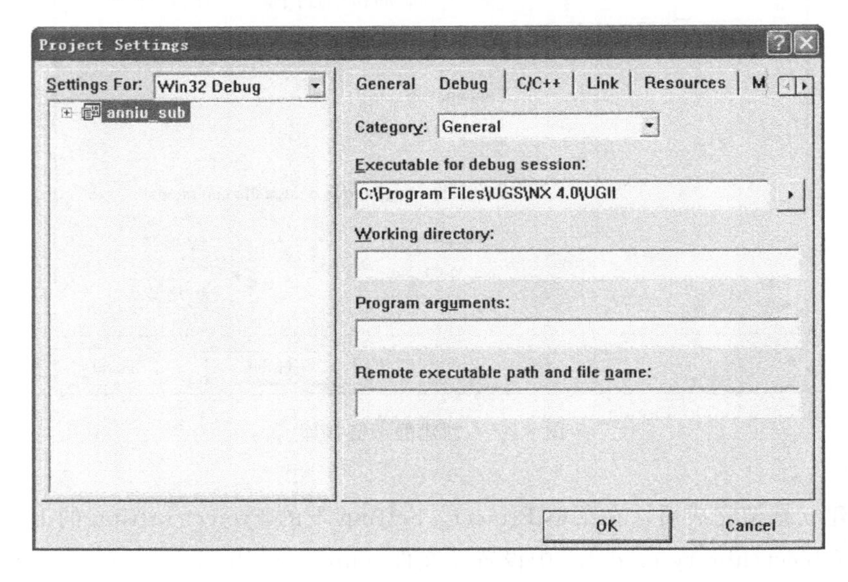

图 6.13　设置 Debug 选项卡

选择 Debug 选项卡，在 Execuable for debug session 文本框中输入 ugraf. exe 的全路径：C:\ Program Files \UGS \NX4. 0\UGII，如图 6. 13 所示。每次生成 *. dll 文件后，都调用 UG 软件来验证程序正确与否。

选择菜单命令 Tools-Options，弹出 Options 对话框。选择 Directories 选项卡，分别在 Show directories for 下拉菜单的两个选项 Library files 和 Include files 中添加 UG 根目录下的 UGOPEN 文件夹的路径：C:\ PROGRAM FILES \ UGS \ NX4. 0 \ UGOPEN。如图 6. 14 所示。

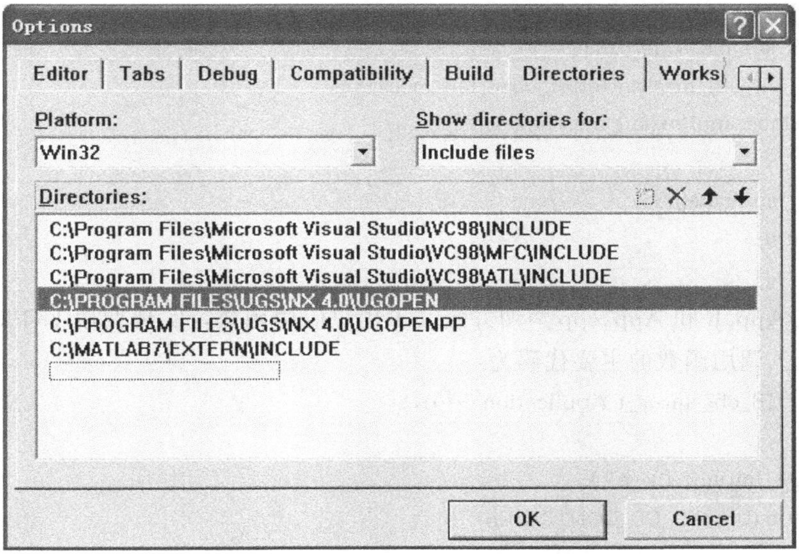

图 6. 14　添加路径

注册 UG 用户应用，在工程中新建 Main. h、Main. cpp 和 App. h、App. cpp 文件，提供 UG 的入口函数和注册激活用户引用函数。

在 Main. h 文件中，声明激活应用结构，该结构的实例应与菜单文件中激活的应用函数相匹配。结构声明的关键代码如下：

```
Static UF_MB_action_t action_table [ ] = {
{"application", Application, NULL},
{NULL, NULL, NULL}
};
```

在 Main.cpp 文件中，提供 ufsta（）入口函数并且注册了应用函数，当 UG 启动时执行该函数。当完成注册用户信息后，在 UG 环境下选择菜单的用户调用命令即可执行应用程序。注册应用函数的关键代码为：

```
extern "C" DllExport void ufsta(char  *param, int  *returnCode, int rlen)
{
if((UF_initialize())! = 0)
return;
int error_code= 0;
if((error_code= UF_MB_add_actions(action_table))! = 0)
{
char fail_message [ 133 ] = "";
UF_get_fail_message(error_code,fail_message);
AfxMessageBox(fail_message,1);
}
UF_terminate();
return;
}
```

在 App.h 和 App.cpp 声明并定义了用户应用函数，实现调用 UG 对话框的功能。调用函数的主要代码为：

```
UF_MB_cb_status_t Application(……)
{
if((UF_initialize())! = 0)
return (UF_MB_CB_CONTINUE);
……
if((error_code= UF_STYLER_create_dialog("display_ark_design.dlg",
CHANGE_cbs,
CHANGE_CB_COUNT,
NULL,
&response))! = 0)
{
……
}
UF_terminate();
return (UF_MB_CB_CONTINUE);
}
```

至此，开发框架建立完成。用户可在主体结构中添加应用函数，包括在二

次开发中所要读取的对话框、用户输入信息、功能函数以及模型的打开和装配等操作指令函数。

6.1.6 评价软件的生成和功能

借助于UG的二次开发功能，在UG平台下生成核电厂主控室人机界面评价软件，如图6.15所示。

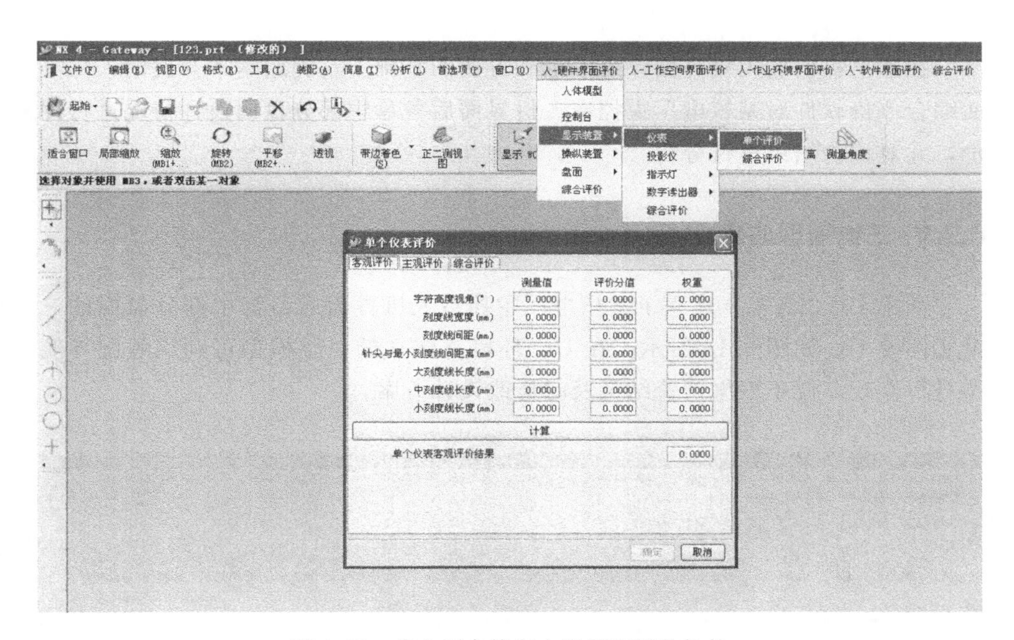

图6.15 核电厂主控室人机界面评价软件

该评价软件可实现的功能可概括为以下几个方面：

① 三维实体建模和人机界面评价在同一环境下进行，实现了设计与评价的同步进行，便于根据评价结果的好坏，及时地对三维实体模型进行修改，使模型的修改更加方便、快捷。

② 利用UG的测量、分析功能可方便地进行实际测量，从而确保客观评价指标的准确量化。

③ 综合评价软件既可实现对底层指标的主、客观评价，也可实现上一级各层指标及整体的综合评价，便于根据评价结果对设计方案给出客观、全面的评判，通过评价结果可方便地分析出各项评价指标的优劣，便于有针对性地进

行改进。

④ 可方便地利用嵌入的人体模型，直观地反映显示器和操纵器是否在操纵员的视域和触及域内。

⑤ 可实现评价信息为不确定信息的多层次复杂系统评价，使评判者所给的不确定信息转化为可量化的信息，便于对系统作出直观的评价。

6.2 评价实例

在本书提出的人机界面评价理论和方法的基础上，利用本章开发的人机界面综合评价软件对某核电厂主控室人机界面后备盘中部分盘面设计情况进行评价，并对评价结果进行分析。

6.2.1 三维模型的建立

利用 UG NX 4.0 建立了某核电厂主控室人机界面后备盘中部分盘面的三维实体模型，如图 6.16 所示。在 UG 环境下建立的三维模型可利用装配导航器进行修改，便于根据评价结果及时修改设计方案。

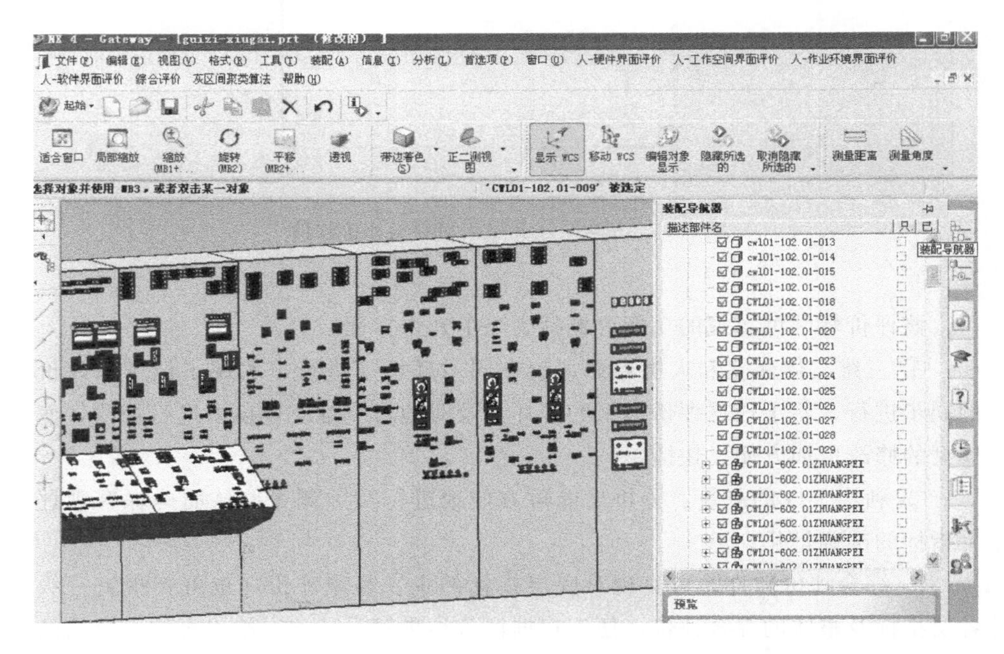

图 6.16　某核电厂主控室人机界面三维模型

6.2.2 盘面评价

(1) 显示器和操纵器的布置评价

显示器和操纵器的布置评价包括总体布置评价、显控组合评价以及分组关系评价三部分内容，这三个部分依次向下分解为各层评价指标，其底层评价指标均为主观指标。因此，为确保评价结果的可靠性，选取10位操纵员针对每一个底层评价指标给出区间形式的评价分值，并将分值输入评价软件，评价过程如图6.17所示，经灰区间聚类后依次向上得到的各级评价结果如图6.18～图6.20所示。

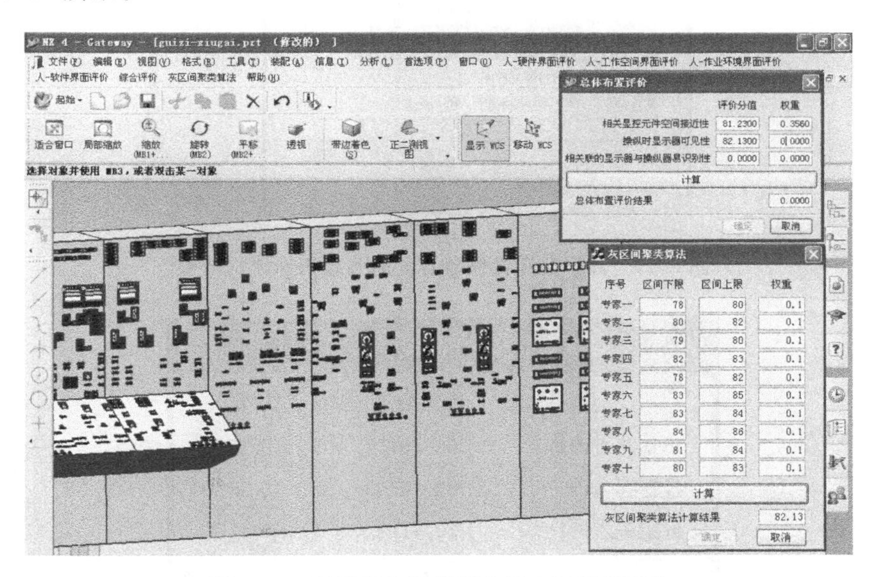

图6.17 显示器和操纵器布置底层指标评价

多控制单显示评价

	评价分值	权重
操纵器应安装在显示器下面	83.4900	0.1780
操纵器的备选位置应在显示器右侧	76.3500	0.1560
多操纵器应以显示器为中心	82.3600	0.1690
多操纵器应按行或矩阵分组	88.9100	0.1710
多操纵器应以适当的顺序排列	87.5600	0.1690
关联关系不明显时应使用增强技术	78.2500	0.1570

计算

多控制单显示评价结果 82.9771

确定 取消

单控制多显示评价

	评价分值	权重
显示器应安装在操纵器上面	84.7800	0.0990
备选显示器位置应在操纵器左侧	78.6400	0.0850
操纵器应在多显示器的中下方	76.4500	0.0880
多显示器应按水平或矩阵分组	86.5200	0.0960
多显示器应以适当的顺序排列	81.0100	0.0960
操纵时显示器的可见性	82.3600	0.1020
关联关系不明显时应使用增强技术	72.3400	0.0760
选择式显示器动作方向通常应顺时针	89.7800	0.0850
选择式显示器顺序应与显示顺序一致	83.2100	0.1010
选择式显示器标志应与显示标志一致	85.6200	0.0860
选择式显示器刻度不应从0读出	80.1200	0.0860

计算

单控制多显示评价结果 82.2678

确定 取消

动态的显控关系评价

	评价分值	权重
旋转操纵器应以顺时针为增加方向	91.1200	0.1520
线性操纵器应以向上或向右为增加方向	89.8700	0.1510
显示器反应的时间延迟应有即时的反馈	81.3600	0.1400
操纵器精度应适当	80.6200	0.1320
显示器分辨率应适合	81.2500	0.1250
显示器/操纵器精度应与要求相匹配	81.3200	0.1410
对操纵器的运动显示器应有明显的反馈	82.6100	0.1590

计算

动态的显控关系评价结果 84.2102

确定 取消

图6.18 显控组合的各级指标评价结果

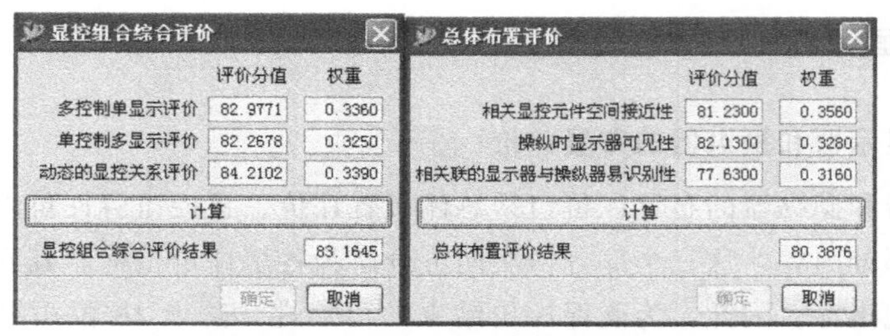

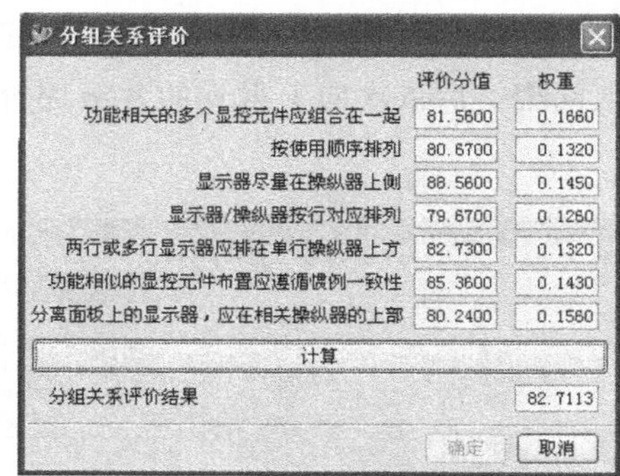

图 6.19　显示器和操纵器布置的各级指标评价结果

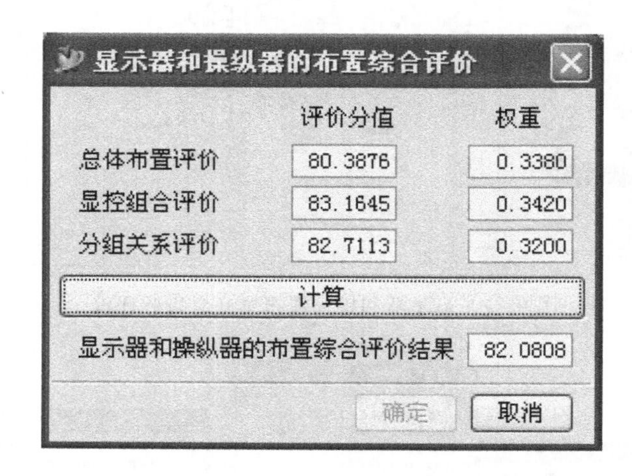

图 6.20　显示器和操纵器布置的综合评价结果

（2）面板布置评价

面板布置的评价包括面板总体布置评价、布局排列因素评价及具体的盘面布置三个部分，其中具体的盘面布置评价既包括主观评价又包括客观评价，其余的均为主观评价。具体的盘面布置客观评价过程如图 6.21 所示。

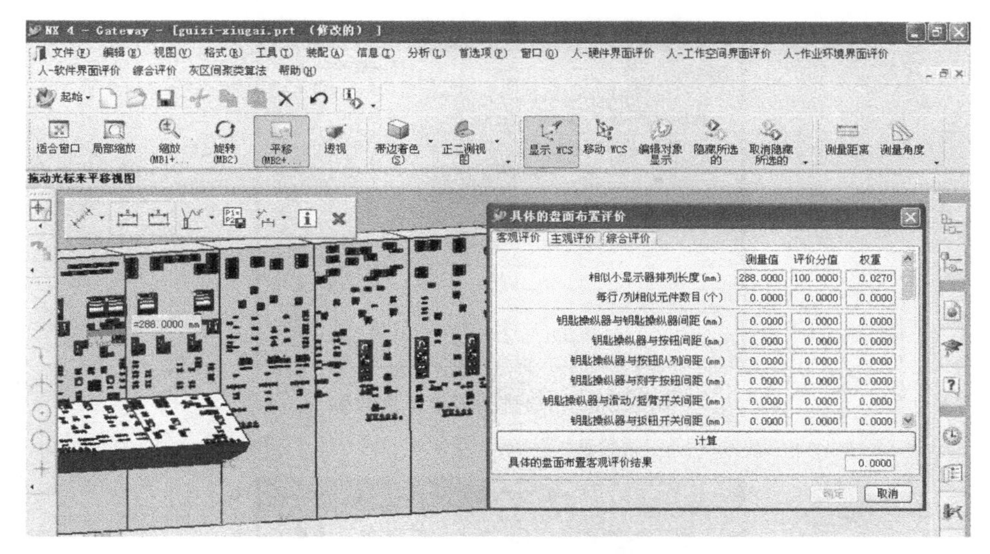

图 6.21 具体的盘面布置客观评价

所得到的各级指标的评价结果如图 6.22～图 6.25 所示。

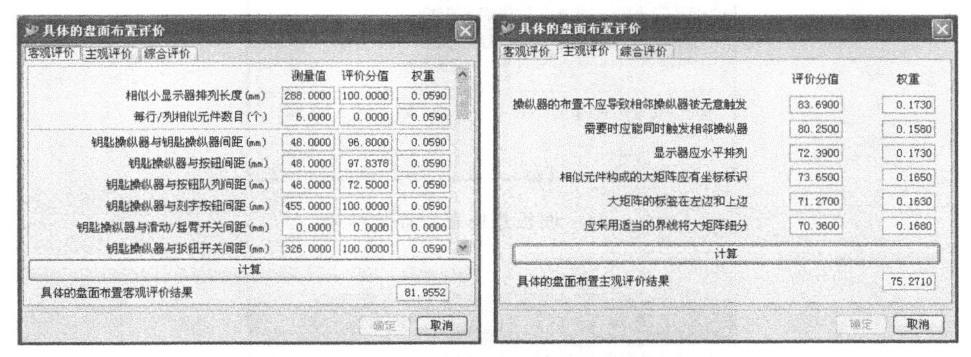

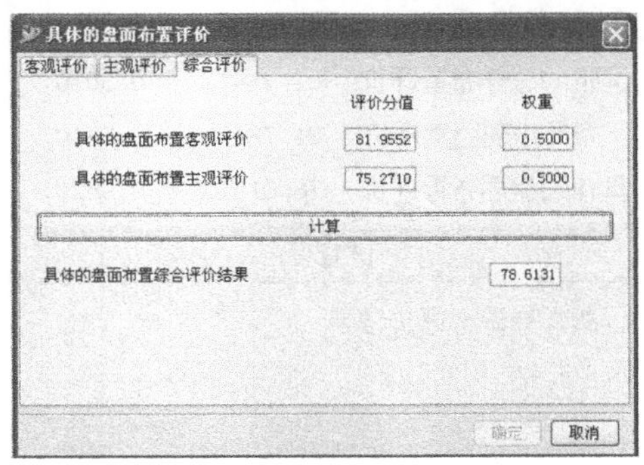

图 6.22 具体的盘面布置评价结果

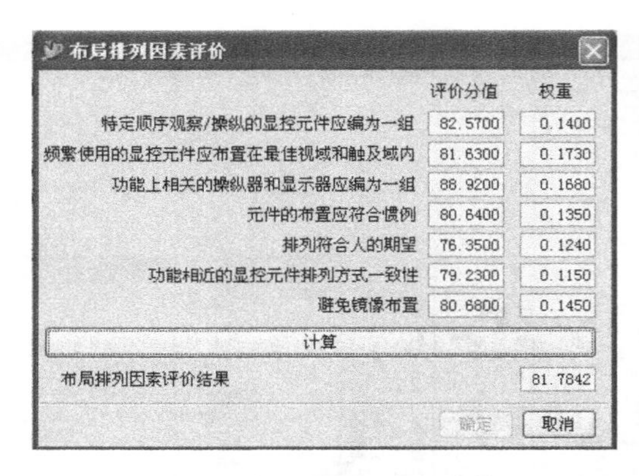

图 6.23　布局排列因素评价结果

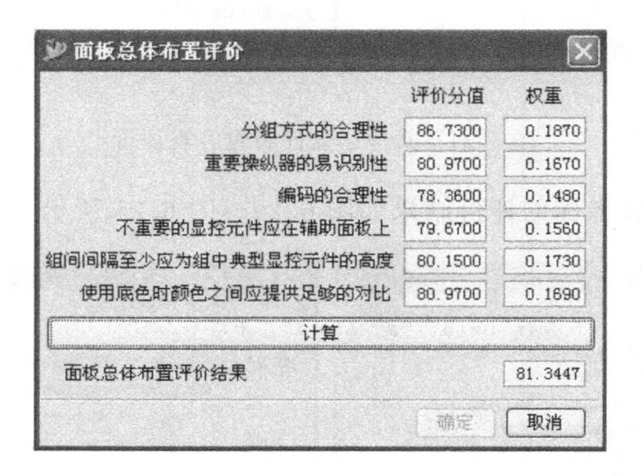

图 6.24　面板总体布置评价结果

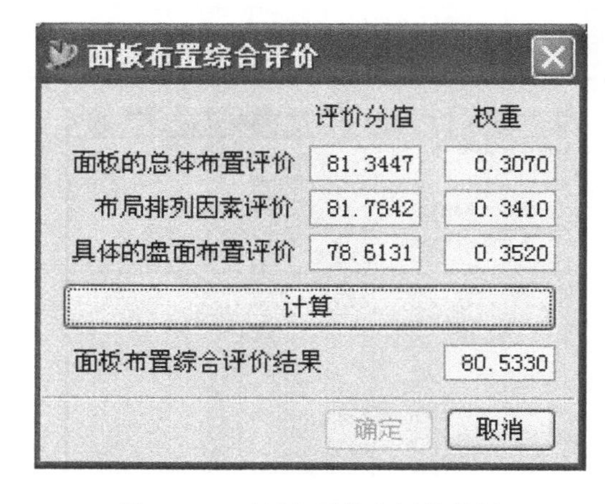

图 6.25　面板布置综合评价结果

(3) 标签和区域划分评价

标签和区域划分评价分标签的评价和区域划分的评价两个部分，标签评价又包括标签字体评价、标签位置评价和标签内容评价，其中标签字体由主观和客观评价构成，其余部分为主观评价。具体的评价过程同上，所得到的各级指标评价结果如图 6.26～图 6.28 所示。

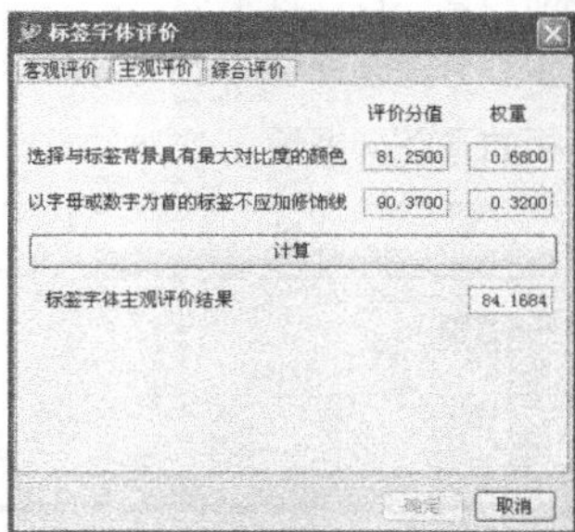

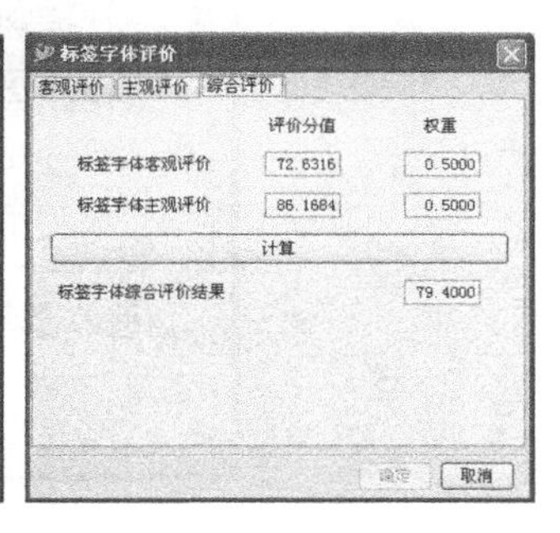

图 6.26　标签字体评价结果

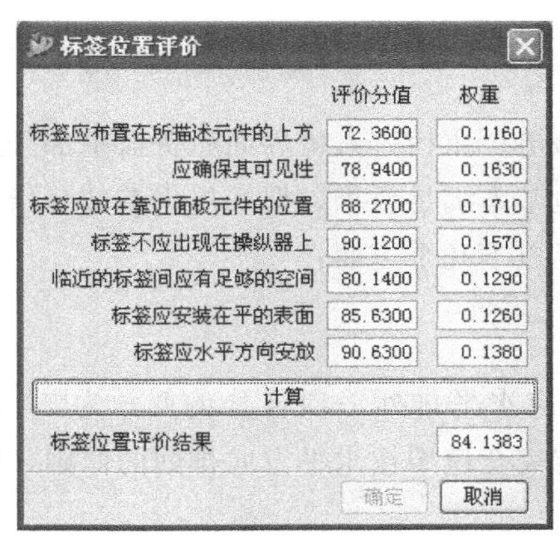

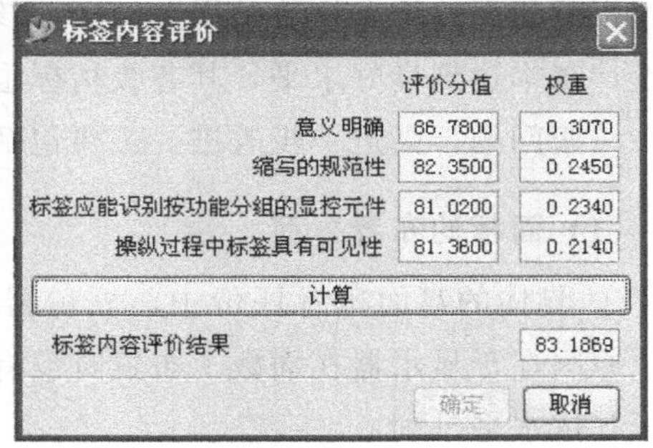

图 6.27　标签位置和标签内容评价结果

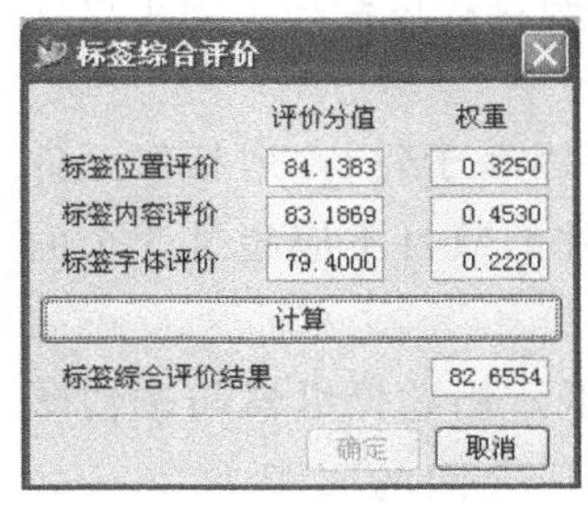

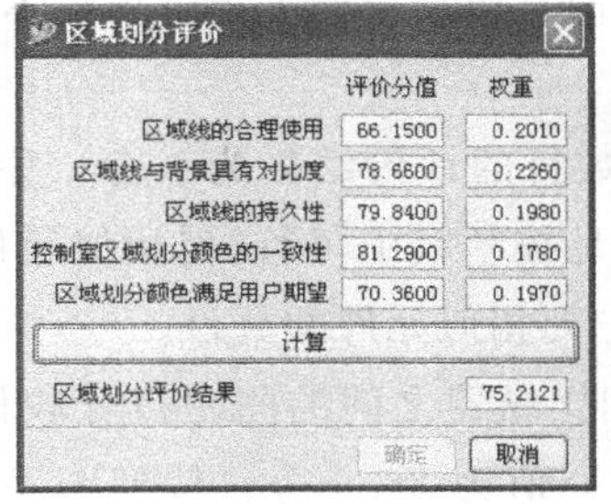

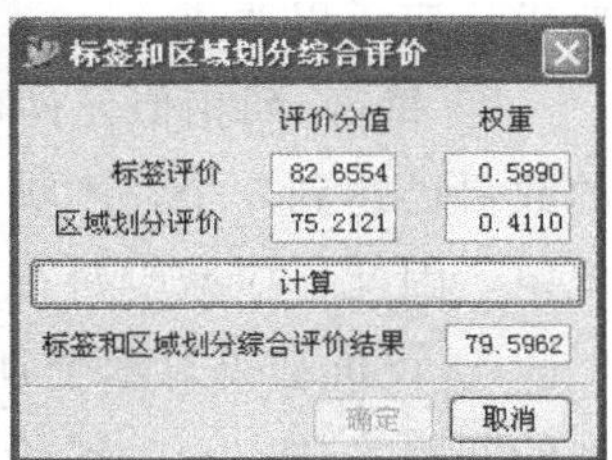

图 6.28　标签和区域划分评价结果

最后，根据以上三部分的评价结果，得到后备盘中部分盘面的综合评价结果如图 6.29 所示。

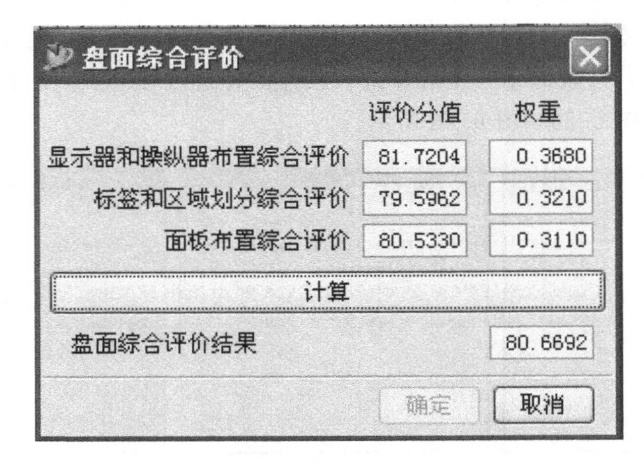

图 6.29　盘面综合评价结果

6.2.3 评价结果分析

根据盘面的综合评价结果可知，该核电厂主控室人机界面后备盘中部分盘面设计基本达到良好水平，其各级指标也基本满足要求。但底层仍有部分指标存在一些问题，需进一步改进，主要包括以下几个方面：

(1) 面板的布置方面

① 具体的盘面布置评价中，显示器应水平排列一项得分偏低，为 72.39 分。原因在于显示器在面板上布置时没有完全遵照按水平方向排列的原则，应保证其按水平排列。

② 面板上与大矩阵排列相关的指标得分也偏低，原因在于相似元件构成的大矩阵没有坐标标识，而且所划分的大矩阵界限不明显，这些均不满足设计要求，应予以改进。

③ 每行/列相似元件数目的评价结果为 0 分，原因在于每行/列相似元件的数目已达到 6 个，不满足控制室中每行/列相似元件的数目不应超过 5 个的规定，因此，应减少每行/列相似元件的数目。

④ 评价结果显示个别操纵器之间的间距得分较低，钥匙操纵器与按钮队列的间距为 48mm，评价分值为 72.5 分；按钮与按钮之间的间距为 30mm，评价分值为 78.3 分；按钮与按钮队列之间的间距为 48mm，评价分值为 0 分；

按钮与扳钮开关的间距为 25mm，评价分值为 72.9 分。这些间距均不能满足正常的操纵间距要求，应在原基础上适当加大间距。

⑤ 面板使用底色时颜色的对比度得分偏低，为 72.58 分，应调整颜色以提供足够的对比。

（2）显示器和操纵器的布置方面

① 在显控组合为单个操纵器和多个显示器时，单个操纵器不在多个显示器的中下方，因此得分较低，为 76.45 分，应进行调整。

② 在显控组合中，当关联关系不明显时增强技术的使用应进一步加强，以提高相关联的显示器和操纵器的易识别性。

（3）标签和区域划分方面

① 标签上非 1 数字的宽高比为 0.7，评价分值为 0 分，不满足非 1 数字的宽高比应为 3∶5 的要求，应调整宽高比的比例。

② 标签间的行间距为 0.46mm，评价分值为 0 分，不满足行间距应大于等于 0.5mm 的要求，应加大行间距的数值。

③ 标签应布置在所描述元件的上方和确保其可见性两项指标评价分值略低。原因在于一些标签的位置在所描述元件的下方，操纵时容易被遮挡，不能确保其可见性，应予以调整。

④ 区域划分的综合评价分值较低，原因在于没有合理地使用区域线，而且区域线的颜色不满足用户的期望，应进行改进。

总之，根据各级指标的评价结果可判断出人机界面设计中存在的缺陷和不足，依据评价结果对设计方案进行改进可增强人机界面设计系统的宜人性，提高系统的效率。

6.3 本章小结

本章结合本书提出的评价指标体系及评价理论和方法，研究了核电厂主控室人机界面评价软件开发过程中主、客观评价指标的量化方法，提出了评价软件的总体框架，利用 UG/Open 开发了核电厂主控室人机界面综合评价软件，实现了主、客观评价结果的量化和集成，提高了评价的效率和质量。利用该软件对某核电厂主控室人机界面后备盘中部分盘面设计情况进行了评价，分析了评价结果，提出了改进意见。应用案例验证了本书提出的理论和方法。

参考文献

[1] Pierre Le Bot. Human reliability data, human error and accident models-illustration through the Three Mile Island accident analysis. Reliability Engineering and System Safety. 2004,(83):153-167.

[2] http://www.wano.org.uk.

[3] 张力，赵明. WANO 人因事件统计及分析. 核动力工程. 2005，26(3)：291-296.

[4] 张力，许康，戴立操，等. 核电厂激发事故初因的人因事件分析. 系统工程理论与实践. 2004,(10)：138-144.

[5] 尤永春. 秦山三期核电站人因事件分析和对策研究. 上海：上海交通大学. 2006：31-32.

[6] Jaewhan Kim, Wondea Jung, Young Seok Son. The MDTA-based method for assessing diagnosis failures and their risk impacts in nuclear power plants. Reliability Engineering and System Safety. 2008, 93(2): 337-349.

[7] A Richei, U Hauptmanns, H Unger. The human error rate assessment and optimizing system HEROS-a new procedure for evaluating and optimizing the man-machine interface in PSA. Reliability Engineering and System Safety. 2001, 72(2): 153-164.

[8] 杨宏刚，赵江平，郭进平，等. 人-机系统事故预防理论研究. 中国安全科学学报. 2009，19(2)：21-26.

[9] Roy A Maxion, Robert W Reeder. Improving user-interface dependability through mitigation of human error. International Journal of Human-Computer Studies. 2005, 63(1): 25-50.

[10] P C Cacciabue. Evaluation of human factors and man-machine problems in the safety of nuclear power plants. Nuclear Engineering and Design. 1988, 109(3): 417-431.

[11] S Y Yan, Z J Zhang, M J Peng, et al. A subjective evaluation method for human-computer interaction interface design based on grey theory. International Conference on Computational Intelligence for Modelling, Control and Automation, Ausrralia, 2006.

[12] Jingzhou Yang, Joo H Kim, Karim Abdel-Malek, et al. A new digital human environment and assessment of vehicle interior design. Computer-Aided Design. 2007, 39(7): 548-558.

[13] Badler N I, Becket W M, Webber B L. Simulation and analysis of complex human task for manufacturing. Proceedings of the SPIE-International Society of Optical Engineering, 1995: 225-233.

[14] Engineering Animation Inc. Jack 2.3 Training manual. EAC, 1999.

[15] Rothwell P L. A Man-modelling CAD program to assess the physical compatibility between

aircrew and aircraft. AD-A161 342, September 1985.

[16] Case K J, Porter M, Bonney M C. SAMMIE: A man and workplace modelling system. Computer-Aided Ergonomics. 1990: 31-56.

[17] Nayar N. Deneb/ERGO-a simulation based human factors tool. Winter Simulation Conference Proceedings, 1995: 427-431.

[18] Swat Krzysztof, Krzychowicz Grzegorz1. ERGONOM: Computer-aided working posture analysis system for workplace designers. International Journal of Industrial Ergonomics. 1996, 18 (1): 15-26.

[19] McDaniel J W. Models for ergonomic analysis and design: COMBIMAN and CREW CHIEF. Computer-Aided Ergonomics. 1990, 22 (4): 138-156.

[20] Imtiyaz Shaikh, Uma Jayaram, Sankar Jayaram. Participatory ergonomics using VR integrated with analysis tools. Simulation Conference, 2004, 2: 1746-1754.

[21] Ardey G F. Fusion and display of data according to the design philosophy of intuitive use. NASA NO.19990092816. 1999.

[22] 张磊，庄达民，邓凡，等. 飞机座舱人机工效评定实验台研制. 飞行力学. 2009, 27 (1): 81-84.

[23] 柴春雷，黄琦，董占勋，等. 面向家电产品的人机工程分析与评价系统. 计算机辅助设计与图形学学报. 2006, 18 (3): 580-583.

[24] 罗仕鉴，孙守迁，唐明晰，等. 计算机辅助人机工程设计研究. 浙江大学学报（工学版）. 2005, 39 (6): 806-809.

[25] 林建. 机械系统中人机操作界面的评价. 福建农业大学学报. 2001, 30 (1): 119-122.

[26] 陈晓明，高祖瑛，周志伟，等. 基于计算机模拟技术的人机界面评价系统. 原子能科学技术. 2004, 38 (1): 70-73.

[27] Zadech L A. Fuzzy sets. Information and Control. 1965. 8 (3): 338-353.

[28] Zadech L A. The concept of a linguistic variables and its application to approximate reasoning. Information Science. 1975, 8 (3): 199-249.

[29] Vanegas L V, Labib A W. Fuzzy approaches to evaluation in engineering design. ASME Journal of Mechanical Design. 2005, 127 (1): 24-33.

[30] Antonsson E K, Otto K N. Imprecision in engineering design. Journal of Mechanical Design. 1995, 117 (B): 25-32.

[31] Thurston D L, Carnahan J V. Fuzzy ratings and utility analysis in Preliminary design evaluation of multiple attributes. Journal of Mechanical Design. 1992, 114 (4): 648-658.

[32] Carnahan J V, Thurston D L, Liu T. Fussing ratings for multiattribute design decision-making. ASME Journal of Mechanical Design. 1994, 116 (2): 511-521.

[33] Wang J A. Fuzzy outranking method for conceptual design evaluation. International Journal of Production Research. 1997, 35 (4): 995-1010.

[34] Zhou M. Fuzzy logic and optimization models for implementing QFD. Computers and Industrial Engineering. 1998, 35 (1): 237-240.

[35] Anil Mital, Waldemar Karwowski. Towards the development of human work-performance standards in futuristic man-machine systems: A fuzzy modeling approach. Fuzzy Sets and Systems. 1986, 19 (2): 133-147.

[36] Ulrich Kramer. On the application of fuzzy sets to the analysis of the system driver-vehicle-environment. Automatica. 1985, 21 (1): 101-107.

[37] LI Ling-juan, SHEN Ling-tong. An improved multilevel fuzzy comprehensive evaluation algorithm for security performance. The Journal of China Universities of Posts and Telecommunicayions. 2006, 13 (4): 48-53.

[38] 周前祥，姜国华. 基于模糊因素的载人航天器乘员舱内人-机界面工效学评价研究. 模糊系统与数学. 2002, 16 (1): 99-103.

[39] 李银霞，杨锋，王黎静，等. 飞机座舱工效学综合评价研究及其应用. 北京航空航天大学学报. 2005, 31 (6): 652-656.

[40] 郭北苑，方卫宁. 基于模糊因素的车载显示屏人机工效评价. 北京交通大学学报. 2005, 29 (1): 81-85.

[41] Saaty T L. The analytic hierarchy process. New york: Mcgraw Hill Company, 1980: 1-120.

[42] Saaty T L. Axiomatic foundations of the analytic hierarchy process. Management Science. 1986, 32: 841-855.

[43] Saaty T L. Rank generation, preservation and reversal in the analytic hierarchy decision-process. Decision Sciences. 1987, 18: 157-177.

[44] Yeo S H, Mak M W, Balon S A P. Analysis of decision-making methodologies for desirability score of conceptual design. Journal of Engineering Design. 2004, 15 (2): 195-205.

[45] Ayag Z. An integrated Approach to evaluating conceptual design alternatives in a new development environment. International Journal of production Research. 2005, 43 (4): 657-713.

[46] F T S Chan, M H Chan, N K H Tang. Evaluation methodologies for technology selection. Journal of Materials Processing Technology. 2000, 107 (1-3): 330-337.

[47] Jong Hyun Kim, Poong Hyun Seong. A methodology for the quantitative evaluation of NPP fault diagnostic systems' dynamic aspects. Annals of Nuclear Energy. 2000, 27 (16): 1459-1481.

[48] 丁文珂，杨国胜，方慧敏. 基于层次分析法的人机界面综合评价. 南阳师范学院学报. 2007, 6 (12): 72-85.

[49] K R Niazi, C M Arora, S L Surana. Power system security evaluation using ANN: feature selection using divergence. Electric Power Systems Research. 2004, 69 (2-3): 161-167.

[50] Rakesh K Misra, Shiv P Singh. Efficient ANN method for post-contingency status evaluation. Electrical Power and Energy Systems. 2010, 32 (1): 54-62.

[51] Hyun-Ho Lee, Sang-Kwon Lee. Objective evaluation of interior noise booming in a passenger car based on sound metrics and artificial neural networks. Applied Ergonomics. 2009, 40 (5): 860-869.

[52] B Ráduly, K V Gernaey, A G Capodaglio, et al. Artificial neural networks for rapid WWTP performance evaluation: Methodology and case study. Environmental Modelling & Software. 2007, 22(8): 1208-1216.

[53] Yan Shengyuan, Yu Xiaoyang, Zhang Hongguo, et al. Reasearch of software user interface evaluation method based on subjective expectation. IEEE ICMA, Harbin, China, 2007: 3190-3195.

[54] Shengyuan Yan, Yuqing Xu, Ming Yang, et al. A subjective evaluation study on human-machine interface of marine meter based on REF network. The AsiaLink-EAMARNET International Conference on Ship Design, Harbin, China, 2009.

[55] 朱川曲. 基于神经网络的综采工作面人-机-环境系统的可靠性研究. 煤炭学报. 2000, 25(3): 268-272.

[56] Yong-Huang Lin, Pin-Chan Lee. Effective evaluation model under the condition of insufficient and uncertain information. Expert Systems with Applications. 2009, 36(3): 5600-5604.

[57] Yong-Huang Lin, Pin-Chan Lee, Ta-Peng Chang, et al. Multi-attribute group decision making model under the condition of uncertain information. Automation in Construction. 2008, 17(6): 792-797.

[58] Hsin-Hsi Lai, Chien-Hsu Chen, Yu-Cheng Chen. Product design evaluation model of child car seat using gray relational analysis. Advanced Engineering Informatics. 2009, 23(2): 165-173.

[59] Yan Shengyuan, Zhang Zhijian, Peng Minjun, et al. A subjective evaluation method for human-computer interaction interface design based on grey theory. International Conference on Computational Intelligence for Modelling, Control and Automation, Sydney, NSW, Australia, 2006.

[60] Yan Shengyuan, Zhang Zhijian, Peng Minjun, et al. A comprehensive evaluation method of human-machine interface for indicator-meters based on gray theory. Fourteenth International Conference on Nuclear Engineering, Miami, Florida, 2006.

[61] Lijie Guo, Jinji Gao, Jianfeng Yang, et al. Criticality evaluation of petrochemical equipment based on fuzzy comprehensive evaluation and a BP neural network. Journal of Loss Prevention in the Process Industries. 2009, 22(4): 469-476.

[62] Sun J, Kalenchuk D K, Xue D, et al. Design candidate identification using neural network-based fuzzy reasoning. Robotics and Computer Integrated Manufacturing. 2000, 16(5): 383-396.

[63] Hung-Cheng Tsai, Shih-Wen Hsiao, Fei-Kung Hung. An image evaluation approach for parameter-based product form and color design. Computer-Aided Design. 2006, 38(2): 157-171.

[64] Sun-Jen Huang, Nan-Hsing Chiu, Li-Wei Chen. Integration of the grey relational analysis with genetic algorithm for software effort estimation. European Journal of Operational Re-

search. 2008, 188 (1) : 898-909.

[65] Lian-Yin Zhai, Li-Pheng Khoo, Zhao-Wei Zhong. Design concept evaluation in product development using rough sets and grey relation analysis. Expert Systems with Application. 2009, 36 (3) : 7072-7079.

[66] Hepu Deng, Chung-Hsing Yeh, Robert J Willis. Inter-company comparison using modified TOPSIS with objective weights. Computers & Operations Research. 2000, 27 (10) : 963-973.

[67] ZOU Zhi-hong, YUN Yi, SUN Jing-nan. Entropy method for determination of weight of evaluating in fuzzy synthetic evaluation for water quality assessment indicators. Journal of Environmental Sciences. 2006, 18 (5) : 1020-1023.

[68] ZHAO Chun-yu. The study on the performance evaluation of enterprises knowledge value chain management based on entropy weight TOPSIS. 2009 International Conference on Management Science & Engineering, Moscow, Russia, 2009: 1196-1202.

[69] DENG Wan-jun, WEI Fa-jie. Strategic value evaluation of china steel companies based on factor analysis and entropy weight. 2009 International Conference on Management Science & Engineering, Moscow, Russia, 2009: 502-506.

[70] Dang Ke, Lv Pan, Zhang Hui-ming. Comprehensive fuzzy evaluation for power transmission network planning based on entropy weight method. Second International Conference on Intelligent Computation Technology and Automation, Zhangjiajie, China, 2009: 676-680.

[71] Chiang Kao. Weight determination for consistently ranking alternatives in multiple criteria decision analysis. Applied Mathematical Modelling. 2010, 34 (7) : 1779-1787.

[72] Ying-Ming Wang, Ying Luo. Integration of correlations with standard deviations for determining attribute weights in multiple attribute decision making. Mathematical and Computer Modelling. 2010, 51 (1-2) : 1-12.

[73] 柳炳祥，李海林. 基于模糊粗糙集的因素权重分配方法. 控制与决策. 2007, 22 (12) : 1437-1440.

[74] Jian Ma, Zhi-Ping Fan, Li-Hua Huang. A subjective and objective integrated approach to determine attribute weights. European Journal of Operational Research. 1999, 112 (2) : 397-404.

[75] A T W Chu, R E Kalaba, K Spingarn.A comparison of two methods for determining the weights of belonging to fuzzy sets. Journal of Optimisation Theory and Application. 1979, 27: 531-538.

[76] Z P Fan. Complicated Multiple Attribute Decision Making: Theory and Applications. Ph.D. Dissertation, Northeastern University, Shenyang, PRC, 1996: 1-23.

[77] W Tang, A Z Chen, D M Li, et al. The application of combination weighting approach in multiple attribute decision making. Proceedings of the Eighth International Conference on Machine Learning and Cybernetics, Baoding, China, 2009: 2724-2728.

[78] G Yang, W J Huang. Application of the TOPSIS based on entropy-AHP weight in nuclear power plant nuclear-grade equipment supplier selection. 2009 International Conference on Environmental Science and Information Application Technology, Wuhan, China, 2009: 633-636.

[79] Yulin Lin, Yuyan Liu, Zhijue Wang. Study on indexes weighting of the physical quality of life evaluation rural migrant workers-application of combined weighting method based on AHP and ANN. Fourth International Conference on Natural Computation, Shandong, China, 2008: 172-177.

[80] Hong-Xing Li, Ling-Xia Li, Jia-Yin Wang. Fuzzy Decision Making Based on Variable Weights. Mathematical and Computer Modelling. 2004, 39 (2-3): 163-179.

[81] Fatemeh Torfi, Reza Zanjirani Farahani, Shabnam Rezapour. Fuzzy AHP to determine the relative weights of evaluation criteria and Fuzzy TOPSIS to rank the alternatives. Applied Soft Computing. 2010, 10 (2): 520-528.

[82] 刘万里，刘三阳. AHP中群决策判断矩阵的构造. 系统工程与电子技术. 2005, 27 (11): 1907-1908.

[83] O Cervantes, I Espejel. Design of an integrated evaluation index for recreational beaches. Ocean & Coastal Management. 2008, 51 (2): 410-419.

[84] A R Jiménez, R Ceres, J L Pons. A new adaptive filter and quality evaluation index for image restoration. Pattern Recognition. 2001, 34 (2): 457-467.

[85] Liu Hong-yu, Li Jian, Ge Yun-xian. Design of customer satisfaction measurement index system of EMS service. The Journal of China Universities of Posts and Telecommunications. 2006, 13 (1): 109-113.

[86] Y J Zhang, X Chen, X F Ren. Establishment of an index system for evaluating outstanding biomedical scientists for science foundation of Shanghai. Journal of Medical Colleges of PLA. 2007, 22 (6): 191-194.

[87] Satty T L. Modeling unstructured decision problems: a theory of analytical hierarchies. Proceedings of the First International Conference on Mathematical Modeling, University of Missoure Rolla, 1977, (1): 59-77.

[88] Shen Fei-min, Chen Bo-hui, Yang Jian. Study on construction and quantification of evaluation index system of mine ventilation system. Procedia Earth and Planetary Science. 2009, (1): 114-122.

[89] Yang Jing. Study on the evaluation index system of community information construction based on system analysis and AHP. IEEE CS. 2009 First International Workshop on Education Technology and Computer Science, Wuhan, China, 2009, 3: 364-368.

[90] Cui Shu-jun, Liu Hui-xiao. Construction of the steel industry evaluating index system based on AHP. 2008 ISECS International Colloquium on Computing, Communication, Control and Management, Guangzhou, China, 2008, 8: 62-68.

[91] 高杰，孙林岩，李满圆. 区间估计：AHP指标筛选的一种方法. 系统工程理论与实践. 2005,

10：73-77.

[92] 李元年. 基于熵理论的指标体系区分度测算与权重设计. 南京：南京航空航天大学. 2008：13-14.

[93] Chao Rong，Katsuhiko Takahashi，Jing Wang. Enterprise waste evaluation using the analytic hierarchy process and fuzzy set theory. Production Planning & Control. 2003，14（1）：90-103.

[94] 李崇明，丁烈云. 复杂系统指标筛选模型及其在武汉市房地产系统中的应用. 统计研究. 2008，25（10）：44-46.

[95] Liu Bao-xiang，Li Yan-kun，Yang Ya-feng. Discrimination for equivalency of index systems based on fuzzy cluster analysis. Proceedings of the Eighth International Conference on Machine Learning and Cybernetics，Baoding，China，2009：616-618.

[96] 沈珍瑶，杨志峰. 灰关联分析方法用于指标体系的筛选. 数学的实践与认识. 2002，32（5）：728-732.

[97] 李崇明，丁烈云. 复杂系统评价指标的筛选方法. 统计与决策. 2004，（9）：8-9.

[98] 陈海英，郭巧，徐力. 基于神经网络的指标体系优化方法. 计算机仿真. 2004，21（7）：107-110.

[99] Dong Peng，Dai Feng，Wu Song-tao. The construction of index system based on improved genetic algorithm and neural network. International Symposium on Intelligent Information Technology Application Workshops，Shanghai，China，2008：58-61.

[100] 陈洪涛，周德群，黄国良. 基于粗糙集理论的企业效绩评价指标属性约简. 计算机应用研究. 2007，24（12）：109-110.

[101] Pawlak Z. Rough set. Inter Journal of Information and Computer Science. 1982，11（5）：341-356.

[102] Pawlak Z. Rough sets-theoretical aspects of reasoning about data. Dordrecht：KluwerAcademic Publishers，1991：68-162.

[103] 张朝阳，赵涛，王春红. 基于粗糙集的属性约简方法在指标筛选中的应用. 科技管理研究. 2009，（1）：78-79.

[104] 李随成，陈敬东，赵海刚. 定性决策指标体系评价研究. 系统工程理论与实践. 2001，（9）：22-28.

[105] Yang Chang-Lin，Chuang Shan-Ping，Huang Rong-Hwa. Manufacturing evaluation system based on AHP/ANP approach for wafer fabricating industry. Expert Systems with Applications. 2009，36（8）：11369-11377.

[106] Metin Dağdeviren，Serkan Yavuz，Nevzatilinç. Weapon selection using the AHP and TOPSIS methods under fuzzy environment. Expert Systems with Applications. 2009，36（4）：8143-8151.

[107] Eun-ha Kwon，Won Il Ko. Evaluation method of nuclear nonproliferation credibility. Annals of Nuclear Energy. 2009，36（7）：910-916.

[108] Jerzy Michnik，Mei-Chen Lo. The assessment of the information quality with the aid of

multiple criteria analysis. European Journal of Operational Research. 2009, 195(3): 850-856.

[109] Athanasios I Chatzimouratidis, Petros A Pilavachi. Multicriteria evaluation of power plants impact on the living standard using the analytic hierarchy process. Energy Policy. 2008, 36(3): 1074-1089.

[110] Miller G A. The magical number seven plus or minus twos: some limits on our capacity for processing information. Psychological Review. 1956, 63: 81-87.

[111] 刘业政，徐德鹏，姜元春. 多属性群决策中权重自适应调整的方法. 系统工程与电子技术. 2007, 29(1): 45-48.

[112] 梁樑，熊立，王国华. 一种群决策中专家客观权重的确定方法. 系统工程与电子技术. 2005, 27(4): 652-655.

[113] 荆洪英，张利，闻邦椿. 基于层次分析法的产品设计质量权重分配. 东北大学学报. 2009, 30(5): 712-715.

[114] 张吉军. 模糊互补判断矩阵排序的一种新方法. 运筹与管理. 2005, 14(2): 59-63.

[115] 宋光兴，杨槐. 群决策中的决策行为分析. 学术探索. 2000, 57(3): 48-49.

[116] Dennis A R, et al. An experimental investigation of small, medium, and large groups in an EMS environment. IEEE Transactions on SMC. 1990, 20(5): 1049-1057.

[117] Zhang J J, Wu D S, Olson D L. The method of grey related analysis to multiple attribute decision making problems with interval numbers. Mathematical and Computer Modelling. 2005, 42(9-10): 991-998.

[118] Wu D S. Supplier selection in a fuzzy group setting: A method using grey related analysis and Dempster-Shafer theory. Expert Systems with Applications. 2009, 36(5): 8892-8899.

[119] 陈孝新，刘思峰. 部分权重信息且对方案有偏好的灰色关联决策法. 系统工程与电子技术. 2007, 29(11): 1868-1871.

[120] 卫贵武，王小容. 对方案有偏好的模糊多属性决策的GRA方法. 系统工程与电子技术. 2008, 30(8): 1489-1492.

[121] Jahanshahloo G R, Hosseinzadeh Lotfi F, Davoodi A R. Extension of TOPSIS for decision-making problems with interval data: Interval efficiency. Mathematical and Computer Modelling. 2009, 49(5-6): 1137-1142.

[122] Jahanshahloo G R, Hosseinzadeh Lotfi F, Izadikhah M. An algorithmic method to extend TOPSIS for decision-making problems with interval data. Applied Mathematics and Computation. 2006, 175 (2): 1375-1384.

[123] 刘华文，姚炳学. 区间数多指标决策的相对隶属度法. 系统工程与电子技术. 2004, 26(7): 903-905.

[124] 傅立. 灰色系统理论及其应用. 北京：科学技术文献出版社，1992: 15-20.

[125] 罗佑新，张龙庭，李敏. 灰色系统理论及其在机械工程中的应用. 长沙：国防科技大学出版社. 2001: 10-15.

[126] Yamaguchi D, Li G D, Mizutani K, et al. On the generalization of grey relational analy-

sis. Journal of Grey System. 2006，9：23-34.

[127] 水乃翔. 关于灰关联度的一些理论问题. 系统工程. 1992，10（16）：23-25.

[128] 熊和金，陈绵云，瞿坦. 区间数灰色聚类模型. 武汉交通科技大学学报. 1998，22（4）：388-390.

[129] 刘俊娟，王炜，程琳. 基于TWW函数的公路网灰数评价方法. 系统工程理论与实践. 2007，（7）：156-159.

[130] 杨桂元，黄己立. 数学建模. 合肥：中国科学技术大学出版社. 2008：150-170.